考虑径流预报及其不确定性的

梯级水库优化调度

丁小玲 等 著

长江出版社
CHANGJIANG PRESS

图书在版编目（CIP）数据

考虑径流预报及其不确定性的梯级水库优化调度 / 丁小玲等著.
武汉：长江出版社，2024.11. -- ISBN 978-7-5492-9923-2

Ⅰ．P338；TV697.1

中国国家版本馆 CIP 数据核字第 2024FV9886 号

考虑径流预报及其不确定性的梯级水库优化调度

KAOLVJINGLIUYUBAOJIQIBUQUEDINGXINGDETIJISHUIKUYOUHUADIAODU

丁小玲等　　著

责任编辑： 郭利娜
装帧设计： 刘斯佳
出版发行： 长江出版社
地　　址： 武汉市江岸区解放大道 1863 号
邮　　编： 430010
网　　址： https://www.cjpress.cn
电　　话： 027-82926557（总编室）
　　　　　 027-82926806（市场营销部）
经　　销： 各地新华书店
印　　刷： 武汉新鸿业印务有限公司
规　　格： 787mm×1092mm
开　　本： 16
印　　张： 10
字　　数： 258 千字
版　　次： 2024 年 11 月第 1 版
印　　次： 2024 年 11 月第 1 次
书　　号： ISBN 978-7-5492-9923-2
定　　价： 86.00 元

　　河川径流是水库调度的重要输入信息,可靠的径流预报可以为水库优化调度运行提供重要的决策依据。由于水文径流过程受众多因素影响,径流及其时空分配呈现复杂的演化特性,具有长预见期的年径流预报一直是当前研究的难点问题。年径流预报常采用数据驱动模型,运用适应变化时间的自适应建模方法以期提高预报的可靠性,但受限于径流数据本身的可预测性和数学模型适应性等局限,难以构建特定的模型适用于所有预报问题,且仍难以做到准确的预报。本书围绕年径流自适应预报及水库预报调度中面临的难题和关键科学技术问题,选取金沙江下游溪洛渡、向家坝水库为对象开展了深入研究,从数据驱动模型机理出发,探索动态数据与预报模型之间的相互作用机制,以指导有效的预报模型构建,从预报不确定性存在的客观现实出发,辨识径流预报在指导水库优化调度中的有效利用价值。研究工作可为实用的径流预报理论发展进一步探明方向,为有效利用径流预报信息指导水库调度决策提供理论基础。本书研究的主要内容和创新性成果包括:

　　(1)针对已有自适应加法预报模型研究尚未量化解析数据与模型动态响应机理的局限性,考虑变化时间及突变、趋势、周期性的不同成分、分离顺序和识别准则,提出了逐步滚动和多组成模式的自适应加法预报模型框架,探索模型在径流数据、不同组成模式及二者协同作用下的动态响应规律。基于溪洛渡入库年径流构造变化训练期的径流序列,开展了多组成模式加法模型的动态识别和滚动预报研究。结果表明,不同径流成分均随变化时间呈明显变化,存在趋势和突变成分相互削减、突变成分的分离减弱周期波动等规律;周期成分对模型模拟性能的影响较突变和趋势成分更为明显,其显著提高了模拟精度;多年平均、趋势、周期及其叠加的模型具有更优的预报效果,突变成分识别未能提高综合预测精度。

(2)针对现有分解集成预报研究存在的对模型适用性影响机制探索不够深入的问题,构建了逐步滚动和多级分解集成的自适应预报模式,从模型优化识别、分解集成作用和模型有效性辨识三个方面提出了自适应分解集成预报模型的一般性研究框架。以溪洛渡入库年径流为实例对象,首先,比较研究了不同寻优范围、优化准则的模型优化方案,为自适应模型提供动态识别方法;然后,分析径流分解对变化序列随机特性及模型结构和性能的影响,以期探究分解策略在预报模型中的作用机制;最后,分析评估了不同分解集成策略对模型改善效果的有效性。结果表明,结构相对简单的优化模型有利于集成模型预报效果;不同分解集成策略将实测径流序列的综合自相关性提高了12~70倍,增加了模型结构复杂度,进而优化了模型模拟性能,但未见有效提高模型预报能力;单一模型或多年平均外推、多项式回归等模型较于分解集成模型具有相对较优的预报效果。

(3)为应对年内径流过程预报长预见期、多步长带来的预报不确定性问题,提出了逐年滚动的自适应预报解集模式,将预报年径流分配至年内时段过程。从解集模型映射机制出发,提出了基于年径流和年内分配特征相关性的模型适用性分析方法,探讨了解集模型在滚动预报和历史模拟两种情景的适用性;在此基础上,构建了考虑年径流预报不确定性的预报解集模型,并针对典型解集方法存在不足提出了考虑年内分配不确定性的最邻近高斯采样解集方法。将所提模型用于溪洛渡旬尺度年内入库径流过程预报研究,验证了所提改进策略对模型的优化效果,分析了年径流预报不确定性对年内径流过程预报效果的影响规律。结果表明,年内过程预报误差与年预报不确定性呈明显的正相关关系,且影响敏感程度随着不确定性的增大而增加,因此需尽可能提高年径流预报的可靠性。

（4）从预报信息的有效利用出发，围绕径流预报在水库调度中的预报效益问题，研究并发展了预报效益及其有效性评估理论与方法。构建了以发电为目标的梯级水库预报调度模型；在此基础上，以发电量和电力市场下的发电收益为效益指标，提出了有—无预报对比的预报效益及有效性评估模型，以溪洛渡—向家坝梯级水库为研究对象，选取丰、平、枯三个典型年，验证了所提预报效益及有效性评估模型的实用性；进一步，基于隐随机思想构建了预报调度与理论最优调度对比的调度效益损失评估模型，采用不确定性年内径流过程预报结果作为入库径流预报信息，以年径流相对预报误差的标准差为预报信息的有效性判定阈值，研究了预报不确定性对溪洛渡—向家坝梯级发电调度效益损失的影响规律，以发电收益为决策目标给出了 20 年预报期的平均有效预报阈值为 0.15。

本书研究和编写工作由长江勘测规划设计研究有限责任公司完成。本书由丁小玲主编。第 1 章由丁小玲撰写，第 2 章由丁小玲、冯快乐撰写，第 3 章由丁小玲、刘昱撰写，第 4 章由丁小玲、李建华撰写，第 5 章由丁小玲、王汉东撰写，第 6 章由丁小玲撰写。长江出版社对此书的出版付出了大量的心血，在此一并表示感谢！

因作者水平和时间有限，本书难免存在不妥之处，敬请读者批评指正！

作　者
2024 年 10 月

目 录 CONTENTS

第1章 绪 论 ………………………………………………………… 1

1.1 研究背景与意义 ……………………………………………… 1

1.2 研究目标 ………………………………………………………… 2

1.3 国内外研究现状 ……………………………………………… 3

1.3.1 径流组成成分识别的加法模型研究概述 ……………… 4

1.3.2 基于时频分解的集成预报模型研究概述 ……………… 7

1.3.3 径流过程预报的时间解集模型研究概述 ……………… 9

1.3.4 水库预报调度及径流预报效益研究概述 ……………… 11

1.4 研究流域概况 ………………………………………………… 12

1.5 本书主要研究内容及章节安排 …………………………… 14

第2章 径流组分识别驱动的年径流自适应预报研究 ……………… 17

2.1 概述 ……………………………………………………………… 17

2.2 自适应加法预报模型构建 …………………………………… 18

2.2.1 径流成分识别方法 ……………………………………… 18

2.2.2 自适应加法预报模型与评价方法 ……………………… 25

2.3 多组成模式加法模型的动态识别研究 …………………… 28

2.3.1 动态径流数据构建 ……………………………………… 29

2.3.2 加法模型组成模式设计 ………………………………… 29

2.3.3 径流突变成分分析 ……………………………………… 30

2.3.4 径流趋势成分分析 ……………………………………… 33

2.3.5 径流周期成分分析 ……………………………………… 37

2.3.6 不同模型对随机性成分的影响分析 …………………… 41

2.4 基于多组成模式加法模型的自适应预报 ………………… 44

2.4.1 研究数据和实验设计 …………………………………… 44

2.4.2 不同组成模式的加法预报模型对比分析 ………………… 45

2.4.3 两种突变诊断准则的预报模型对比分析 ···················· 50

2.5 本章小结 ··· 51

第 3 章 基于分解集成策略的年径流自适应预报研究 ············· **53**

3.1 概述 ··· 53

3.2 分解集成预报模型及研究方法 ··································· 54

3.2.1 基本方法与模型理论 ··· 54

3.2.2 自适应分解集成预报模型构建 ····························· 57

3.2.3 考虑分解集成作用机制的模型研究框架 ················· 60

3.3 自适应预报模型参数动态优化识别方案研究 ················· 64

3.3.1 研究对象与数据资料 ··· 64

3.3.2 VMD 分解参数的动态识别 ································· 64

3.3.3 预报模型参数优化识别方案研究 ·························· 68

3.4 分解集成策略对预报模型的影响研究 ························· 73

3.4.1 分解集成对序列随机特性的影响分析 ··················· 73

3.4.2 分解集成对模型结构复杂度的影响分析 ················· 79

3.4.3 分解集成对模型性能的影响分析 ·························· 81

3.5 不同分解集成预报模型的有效性分析 ························· 84

3.5.1 VMD 分解对预报模型的有效性分析 ····················· 84

3.5.2 多级分解集成模型的有效性分析 ·························· 85

3.5.3 不同模型预报效果比较及预报不确定性分析 ············ 87

3.6 本章小结 ··· 89

第 4 章 基于时间解集模型的年内径流过程预报研究 ············· **91**

4.1 概述 ··· 91

4.2 基于相关性分析的径流解集模型适用性研究 ················· 92

4.2.1 自适应径流解集模式 ··· 92

4.2.2 年内分配特征指标 ·· 93

4.2.3 解集模型适用性评估方法 ··································· 94

4.2.4 模型适用性评估结果分析 ··································· 95

4.2.5 年内分配特征的不确定性分析 ····························· 98

4.3 考虑年径流预报和年内分配不确定性的解集模型构建 ······ 101

4.3.1 年径流滚动预报解集模式 ··································· 101

4.3.2　考虑预报不确定性的年径流随机模拟 ··············· 102

4.3.3　年径流典型解集方法 ································· 102

4.3.4　考虑年内分配不确定性的改进解集方法 ········· 102

4.3.5　年径流过程预测精度评价方法 ··············· 104

4.4　基于解集模型的年内径流过程不确定性预报 ········· 105

4.4.1　研究对象与实验设计 ··············· 105

4.4.2　实验结果分析 ································· 106

4.5　本章小结 ··············· 114

第5章　考虑径流预报不确定性的梯级水库优化调度研究 ············ 116

5.1　概述 ··············· 116

5.2　水库预报调度及预报效益评估模型构建 ············· 117

5.2.1　梯级水库优化调度模型 ··············· 117

5.2.2　水库预报调度模型 ······················· 118

5.2.3　预报效益及有效性评估模型 ··············· 119

5.2.4　考虑预报不确定性的调度效益损失评估模型 ········· 119

5.3　水库调度中径流预报效益评估模型研究 ············· 121

5.3.1　研究对象与实验设计 ··············· 121

5.3.2　实验结果分析 ······················· 124

5.4　预报不确定性对水库调度效益损失的影响研究 ········· 126

5.4.1　研究对象与实验设计 ··············· 126

5.4.2　实验结果分析 ······················· 127

5.5　本章小结 ··············· 135

第6章　总结与展望 ··············· 137

6.1　研究工作总结 ··············· 137

6.2　工作创新点 ··············· 139

6.3　工作展望 ··············· 140

参考文献 ··············· 141

第1章 绪 论

1.1 研究背景与意义

水资源是维系自然生态环境系统功能和人类赖以生存发展的基础性、战略性资源,深刻地影响着自然生态环境的变化和人类经济社会的可持续发展。我国是全球水资源短缺最严重的国家之一[1],尽管水资源总量位于世界前列,但人均水资源量仅为世界人均水平的1/4;同时,受独特地理环境和气候条件影响,我国水资源时空分布格局具有显著的不均衡性,呈现东南多西北少、夏秋多春冬少的基本格局[2]。此外,在气候变化和人类活动的影响下,流域自然水循环过程和水资源系统发生了深刻变化,水资源演变特性及时空分布态势明显改变。

水文径流预报和水利工程调度是流域水资源管理利用的重要措施。水文径流预报可为水库安全经济运行、流域水资源高效利用等提供重要的决策支撑,对经济社会可持续发展具有重要的现实意义;水库作为水利工程的重要组成部分,通过优化调度对河川径流进行时空重新分配,实现水资源安全、合理、高效利用,在防洪、供水、灌溉、发电、航运等方面发挥着巨大的社会效益和经济效益;与此同时,水库调节对自然水循环的影响作用也加剧了水文过程时空演变的复杂性。

河川径流作为水库调度的重要输入信息,通过径流预报模型提供可靠的入库径流预报信息是实现水库优化调度运行的前提。变化环境下径流及其时空分配呈现复杂的演化特性,对径流预报模型的适应性提出了更高挑战,尤其是加剧了长预见期预报的难度和不确定性,制约了径流预报信息在水库调度运行中的综合效益发挥。一方面,如何从历史数据蕴含的内在规律出发,探究过去规律对未来的解释能力,是构建径流预报模型需要探究的本质科学问题;另一方面,模型对有限过去的拟合不能代表其对未来发展的拟合[3],预报误差不可消除是径流预报运用于指导实际工程存在的客观现实问题。

针对上述长预见期径流预报问题,已有较多研究工作运用数据驱动模型挖掘历史序列蕴含的规律进而对未来发展趋势进行预测,但此类基于历史数据构建的静态模型多难以回答变化环境下历史规律对未来演变趋势的适应性问题。近年来,发展了适应变化的自适应预报建模方法[4],通过新信息的更新对模型进行动态修正,以期突破模型适应性与预测精度的瓶颈。然而,受限于径流数据本身的可预测性和数学模型适应性等局限,难以构建特定的模型适用于所有预报问题,且仍难以达到准确的预报。另外,在预报不确定性客观存在的条件下,预报信息的有效性及径流预报可能带来的水库调度综合效益,均尚未形成统一的评估理论与方法。因此,从数据驱动模型机理出发,探索动态数据与预报模型之间的相互作用机制以指导有效的预报模型构建,从预报不确定性存在的客观现实出发,评估不确定性预报信息在水库调度中发挥的综合效益和有效价值,对径流预报本质规律的探索及预报理论的发展具有重要的科学价值,对探明具有实用意义的径流预报发展方向、推动预报成果应用于指导水库实际调度具有重要的现实意义。

1.2   研究目标

以金沙江下游流域为研究区域,以随机水文学、时间序列预测、水库优化调度、统计学等为基础理论,对变化环境下年径流自适应预报及预报不确定性条件下水库优化调度中面临的关键科学技术问题开展研究。

研究工作拟定的主要目标如下:

1)探索自适应加法预报模型的数据驱动机制,考虑径流序列的不同成分构建多组成模式的加法模型,研究模型在动态径流数据、不同组成模式及二者协同作用下的响应规律,为年径流的加法预报模型构建提供方向指导。

2)探索径流分解对预报模型适用性的影响机制,提出自适应分解集成预报模型的一般性研究框架,研究分解集成策略在年径流自适应预报模型中的作用机制和有效性,为具有实用价值的径流预报模型研究进一步探明方向。

3)针对长预见期、多步长年内径流过程预报问题,从总量推求年内分配过程的映射机制出发,探索解集模型在年径流自适应预报中的适用性,提出有效的预报解集模型构建方法,为水库调度提供年内径流过程预报信息。

4)为客观评价径流预报信息在水库调度中的预报效益,建立考虑水库调度目标的径流预报效益及有效性评估模型,研究不确定性径流预报信息对水库调度效益的影响规律以辨识预报信息的有效性。

1.3   国内外研究现状

流域径流是大气降水经过流域下垫面蓄渗、坡面漫流等过程汇入河道的水流。开展径流预报可为水库安全经济运行、流域水资源科学利用等提供水文信息支撑。

径流预报模型按照建模原理主要分为概念性水文模型和数据驱动模型。概念性水文模型[5-9]具有一定的物理机制,通过对水循环系统的概化以描述径流形成的过程;相比而言,数据驱动模型未考虑产汇流的物理机制,直接从数据规律出发挖掘过去与未来的复杂相关性,建立历史数据与未来演变趋势的映射关系,具有建模相对简单、对基础数据的需求相对较少等优点。数据驱动模型按照驱动因子可分为基于互相关因子的模型和时间序列模型,前者建立径流与历史相关因子、气象遥相关因子等之间的互相关关系以预测未来的径流过程,后者是基于径流时间序列自身的演变规律来进行推演预报;数据驱动模型按照数学原理可分为数理统计模型和机器学习模型,其中,数理统计模型根据是否考虑相关因子的选取分为物理成因统计法和时间序列分析法,机器学习模型因具有较强的非线性映射能力,可同时适用于互相关模型描述和时间序列预测问题。

径流预报按照预见期可分为短期、中长期和超长期预报。数小时或数天的为短期预报,15 天至 1 年以内一般称为中长期预报,超过一年的为超长期预报[10]。本书所研究的年径流预报问题为长期径流预报。对于长期径流预报,由于一般难以获取未来较长时期、可靠的水循环相关要素数据,通过基于径流时间序列的数据驱动模型,拟合历史数据与未来径流之间的映射关系是常用的预报方式。在径流时间序列模型研究中,为了充分识别径流序列本身蕴含的变化规律,发展了基于分解—集成思想的预报模型构建方法,即运用时序分解方法将历史径流序列分解成具有一定规律的多个子序列,分别对子序列建立预报模型,进而将其叠加实现径流序列的预报。目前,在水文预报领域常用的径流分解方法包括随机水文学方法和现代时频分析技术方法,前者将径流序列分解为突变、趋势、周期等确定性成分和随机成分,通过各成分分项预测值的叠加构建加法预报模型,后者将径流序列分解为不同时频特性的子序列进而借助于其他时间序列模型进行子序列的外延预测。结合本书研究工作,主要针对随机水文学理论中径流组成成分识别的加法模型和基于时频分析方法的分解集成预报模型研究现状进行深入探讨。

除预见期的时间长度以外,径流预报按照步长还分为单步预报和多步预报,基于前述概念模型或数据驱动模型均可进行单步预报,而多步预报相对更为复杂,可分为直接多步预测和间接多步预测。直接法可通过逐时段构建单步模型实现多步预报或基于神经网络等模型进行序列过程预测[11]，间接法包括基于单步预报模型的逐步迭代实现多步预报或采用时间解集模型将总量预报值分解为多个时段的分配过程。总体上，前述方法针对不同问题各有优劣，且多步预测较于单步预测面临更大的预报不确定性。本书所研究的年内径流过程预报是一类长期、多步预报问题，基于时间解集模型的预报手段可简化年内径流序列多步预测建模和预报不确定性描述的复杂度，本节重点调研解集模型在径流过程预报中的研究进展。

水文径流预报为水资源管理、工程调度运行等流域水利管理工作提供决策依据，发挥着重要的社会效益、经济效益和生态环境效益[12]。径流预报评价方法主要包括基于实测值拟合效果的精度评价和基于管理决策目标的效益评估，传统的评价方法以精度指标为主，两种评价体系有时也被同时用于预报评价[13,14]。相较于精度指标，径流预报效益评估可基于决策目标指导预报信息的科学有效利用，进而促进径流预报在实际应用中综合效益的发挥。水库调度是流域管理工作的重要内容，本节主要开展水库调度中径流预报效益研究的文献调研。

因此，围绕本书研究工作目标，在径流预报模型方面，主要针对基于径流组成成分识别的加法模型和基于时频分解的集成预报模型研究进展、发展趋势进行综述；在径流过程预报方面，主要针对径流时间解集模型的理论及其在预报中的应用开展调研；在水库径流预报效益方面，主要围绕考虑径流预报信息的水库调度模型和径流预报效益评价方法开展研究现状和发展趋势调研。

1.3.1　径流组成成分识别的加法模型研究概述

受气候变化、人类活动及下垫面变化等众多因素影响，河川径流序列存在复杂的变化特性及演变规律。水文学常假定径流序列由确定性成分和随机性成分组成，其中确定性成分主要包括趋势性、突变性、周期性等，将确定性成分分离的剩余序列称为随机性成分。随机水文学理论[15]基于前述径流组成成分假定将径流序列分解为突变、趋势、周期和随机序列[16-18]等成分，将前述不同成分进行分解的方法包括加法模型、乘法模型和混合模型[19]，较为常见的是将径流序列描述为不同组成成分之和，即为加法模型[20]，也称为径流成分的累加模型或叠加模型。径流成分分析识别是在前述径流组成假定的基础上，对径流序列的突变性、趋势性和周期性等成分进行检验并定量提取相应的成分，即加法模型的识别；进一步，基于径流成分变化特征在未来一段时期内保持不变的基本假定，可建立加法预报模型进行径流外推预报。

下面从径流成分识别方法和加法预报模型两个方面进行研究现状阐述。

（1）径流序列组成成分识别方法

径流序列组成成分识别方法即采用不同的检验方法判别径流序列中可能存在的突变、趋势和周期性成分，并对相应的成分进行量化。

针对突变、趋势和周期性的检验已有较多成熟的方法。突变分析的常用方法有 Mann-Kendall 检验法[21]、滑动 F 检验法[22]、R/S 分析法和 Hurst 系数检验法[23]、有序聚类法[24]、Bayesian 法[25,26]、Pettitt 检验法[27] 等；趋势分析常用的方法有趋势回归法[28]、Sen's 斜率估计法[29]、Mann-Kendall 检验法[30] 和 Sperman 秩相关检验法[31] 等；周期成分分析方法有周期图法、累计解释方差图法、功率谱分析法[32]、快速傅里叶变换法、小波分析法[33]、最大熵谱分析法[34] 等。

在径流序列突变分析方法中，不同诊断准则下的检验结果往往存在差异，突变性的综合诊断相对更为复杂，因而有较多工作对不同方法进行了对比研究。谢平等[35] 对不同变异识别方法及特点进行了归类，将 8 种突变识别方法归纳为统计检验法、贝叶斯法、信息论法、混沌理论法 4 类，并对这些方法的本质进行了概括。周园园等[36] 对 R/S 分析法、Hurst 指数法、Brown-Forsythe 检验法、Bayesian 变点分析法等 10 多种变异点分析方法的优缺点进行了总结。李艳等[37] 将已有变异识别方法按照判断标准归纳为以某种指标最大为变异点、是否通过显著性检验、构造阈值进行检验等 3 种类型。孙东永[38] 提出基于熵、分形、滑动数据技术等非线性理论，采用近似熵、滑动排列熵、滑动重标方差、滑动移除重标方差等变方法，对径流时间序列变异进行分析。

在趋势、周期性分析方法和应用方面亦有较多研究，且常综合考虑突变、趋势、周期性等多个方面进行径流成分分析。桑燕芳等[39] 将趋势识别方法分为数据拟合法、时域分析法、频域分析法和时频分析法，将周期识别分为单一方法和组合方法，具体包括周期图法和各类时频分析法。管晓祥等[40] 分别采用多种方法对趋势和突变进行检验，指出 M-K 突变点检验法最优，原理清晰，能够检验趋势性和突变性，而且结果直观便于识别。谢平等[41] 考虑了趋势和跳跃两种变异形式，构建由初步诊断、详细诊断和综合诊断三个部分组成的水文变异诊断系统。张彩玲[42] 从趋势和突变两个层面，采用 Kendall 秩次相关法、Mann-Kendall 检验法和滑动 t 检验法，引入 GAMLSS 模型，对黄河流域年、汛期、非汛期的降雨和蒸发序列进行演变规律研究。李艳玲[43] 将 Morlet 小波、谐波小波和 HHT 变换应用于渭河流域径流的周期、趋势和突变等变异性检验，并指出不应依赖一种检验方法而应采用多种方法综合考虑。

孙娜[44]采用多种变异点辨识法、趋势分析法、交叉小波分析法和二维相关分析法等多学科分析方法,分析了近几十年来金沙江流域水文气象要素的演变特性和演化趋势。孙玉燕[45]通过非参数 Mann-Kendall 趋势检验法和小波变换法等系统分析了淮河中上游近 60 年径流年内分配、年际变化、径流趋势、突变特征及周期变化等径流过程变化特征。

总体上,在径流序列检验分析方面,由于不同方法在复杂度、可靠性等方面各有优缺点,且可能会得到不同的分析结果,目前的研究逐渐从单一方法发展为多种方法的综合诊断;由突变或趋势性分析发展为突变、趋势、周期性演变的综合态势分析。基于前述方法的径流序列检验结果为径流成分的量化提取提供基础。

在径流成分的量化提取方法方面,目前常采用线性回归、二次曲线、指数曲线等方法对不同数据特征[46]的趋势项进行提取,采用均值变换[47]进行突变成分提取,采用谐波叠加[48]、小波理论、均生函数[49]等方法对周期成分进行拟合。在径流成分提取的优先顺序方面,谢平等[50]针对趋势和突变性同时显著存在的情景,采用组成成分拟合度的效率系数作为诊断准则来评价实测序列与突变成分或趋势成分的拟合度,进行具体变异形式的选择;覃爱基等[47]对比了趋势和突变提取的先后顺序,发现了二者之间存在明显的相互影响。可见,在径流组成成分识别的过程中,不同识别方法和分离顺序均可能会导致成分提取结果的差别。因此,本书选择多种诊断方法进行径流序列的突变、趋势、周期性识别,并考虑不同成分之间分离顺序的影响关系,进行径流组成成分分析。

(2)基于加法模型的径流预报

根据径流序列本身蕴含特性的不同,可采用相应的方法进行径流组成成分的提取,进而构建不同的加法预报模型。较多研究基于确定性成分的外推进行预报模型构建,包括周期叠加外推、周期均值叠加或趋势周期均值等不同组成成分的模型,存在突变性的径流序列常基于均值变换进行径流序列的还原或还现,亦有研究进一步对存在自相关性的随机性成分构建逐步回归分析预测模型[51]。

芮孝芳等[52]等将加法模型引入水文预报分析领域,并通过对我国南北方 8 个系列雨量站或流量站的年系列数据进行分解和预测,结果表明加法模型在我国南北方若干地区水文要素长期预估中具有一定的适用性,且原理简单、建模方便。吴素芬等[53]利用塔里木河流域出山口站径流序列,选择径流时间序列加法模型,预测了 3 大源流近期来水量。梁忠民等[54]基于径流组成成分分析构建了由线性趋势、周期波、随机平稳项组成的叠加外推模型,对年径流进行了两步预报。王新辉[55]将台兰河

1957—2008 年年均流量序列分解为趋势、周期、平稳函数项和噪声项,建立非平稳时间序列加法模型对 2009 年、2010 年、2011 年径流进行了预报。牛最荣等[56]运用由周期波均值外延叠加模型、谐波分析模型和逐步回归分析模型组合的加法模型,分析了白龙江干流 4 个代表站 1965—2013 年的实测径流数据,并以 2013 年为基准年对 2015 年、2020 年和 2030 年年径流量进行预测。杜克胜等[57]对甘肃省主要河流建立了水文预报的加法模型,并对 2018 年径流预报进行对比研究。解阳阳[58]采用多元线性回归、人工神经网络、确定性成分叠加法等多种方法进行比较研究,推荐采用确定性成分叠加法进行黑河流域年径流预报,以 2009—2014 年为检验期进行预报效果的评价。

上述基于加法模型的预报研究较多为典型或代表年份的径流预报,未能充分考虑不同组成成分和变化时间对预报模型适应性的影响,难以适用于变化时间下的径流预报。左其亭等[59]针对不同规律的水文序列构建了周期外推或趋势周期叠加等多种改进模型,虽对径流组成进行了多种组合,但更多的组成形式仍有待进一步探讨,尤其是突变成分的存在对预报模型的影响;唐林等[60]基于周期均值叠加模型进行了年径流的滚动预报研究,但未能对模型的数据驱动机制进行动态解析。因此,本书将基于不同径流组成形式进一步研究适应变化时间的加法预报模型,探讨动态数据与预报模型之间的响应规律,为自适应预报提供理论指导。

本书中有关径流的变化和演化,在此给出统一的定义:径流序列在给定历史期内的变化规律称之为"变化",径流变化规律有时也称为径流变异性;径流序列的统计特征随着时间演进而呈现出的动态变化,称之为"演化"。

1.3.2　基于时频分解的集成预报模型研究概述

时频分析方法以 20 世纪 60 年代 Burg 提出了最大熵谱估计理论为标志进入现代时频分析阶段,随后相继发展的小波分解(WA)、希尔伯特—黄变换(HHT)、经验模态分解(EMD)、变分模态分解(VMD)等方法,可将非平稳序列分解成不同频率的分量,高频成分揭示时间序列的周期性,低频成分揭示时间序列的长期变化趋势。近年来,随着计算机科学技术的不断成熟,现代时频分析已经广泛运用于水文径流研究领域[61-67],常用于将径流序列分解为不同时频特性的子序列,但此类分解方法本身不具备预测能力。因此,时频分解方法常作为径流预报模型的前处理策略以构建分解集成预报模型,即在径流分解的基础上借助于其他时间序列模型进行子序列的外延预测,进而叠加子序列预报结果得到预报值。

常见的时间序列预测模型有多元线性回归、多项式回归、自回归滑动平均(Auto-

Regressive Moving Average, ARMA) 等模型。Yule 于 1927 年提出 AR 模型[68]，Walker[69]于 1961 年提出了 MA 模型以及 AR 与 MA 组合的 ARMA 模型，Carlson 等[70]于 1970 率先将 ARMA 模型应用于年径流预报，拉开了时间序列模型在水文预报领域中应用的帷幕。随后 Box 和 Jenkins[71]于 1976 年在此基础上，引入差分思想，提出了适用于非平稳时间序列的 ARIMA 模型，成为时间序列分析的经典。Haltiner 和 Salas[72]研究了随机 ARMAX 在概念性融雪径流预测中的优势。近年来，随着计算机技术、人工智能等理论与方法的飞速发展，机器学习模型[73-76]在水文预报领域得以应用，因其具有较强的非线性映射能力，成为传统数理统计类时间序列预报模型体系的重要补充。

基于时频分析的信号分解可与时间序列模型或机器学习模型相结合，建立分解—集成预报模型。周惠成等[77]利用小波分解技术将原始月径流序列分解，进而对子序列逐一建立 ARMA 模型；Karthikeyan 等[78]将非平稳月径流量序列分别用 WA 和 EMD 分解为独立正交分量，并用 ARMA 模型进行分量的拟合和组合预测；杜懿和麻荣永[79]将 ARIMA 模型与小波分析法、经验模态分解法相结合，建立了 WA-ARIMA 和 EMD-ARIMA 组合预测模型；刘艳等[80]采用 EEMD-ARIMA 组合径流预测法对玛纳斯河出山口径流进行预测；Wang 等[81]将 VMD 和 ARIMA 模型相结合建立了气温预报模型。王文圣等[82]结合小波分析技术与人工神经网络模型建立了 WA-ANN 日径流预报模型；Qian 等[83]将 EMD 和 LS-SVM 模型结合构建了紫坪铺水文站年径流预报模型；纪昌明等[84]将小波分解技术与高维数据逼近能力的投影寻踪自回归技术相结合，构建了年径流预测模型；Wen 等[85]提出了一种结合 CEEMDAN 与 VMD 的两阶段混合数据驱动预报模型，研究表明模型对具有明显随机特征的水文序列具有良好的多步预测效果。

上述研究多将整个径流序列分解并对子序列进行率定期和检验期划分，此类建模方式隐含了未来信息已知的假设，难以真实表达实际径流序列"历史"与"未来"之间的时间推演关系。Zhang 等[86]指出已有基于径流分解的组合预报模型纳入了未来信息进行分解，不能代表真实的预报模式，对比研究了三种分解技术耦合 ARIMA 和 ANN 的组合模型，验证了预报模式下分解集成模型预报效果劣于 ARIMA 和 ANN 模型；Du 等[87]证明了分解集成预报在建模过程中引入未来信息而带来的高精度不符合实际，容易导致错误决策的风险。近年来，基于实时分解的集成预报模型研究受到关注。Tan 等[88]提出了根据数据更新模型参数的自适应 EEMD-ANN 预报模型，并验证了改进模型的有效性，研究表明所提出的模型有效提高了汛期的预测精度，但非汛期预报效果并未优于单一的自回归模型。孙娜[44]引入时频分析技术 VMD 和机器学习模型 RELM,提出基于潜在影响因子维度的动态分解策略并建立了自适应动态分解—优化—集成预报建模方法。

综上所述,基于时频分析的分解集成预报正经历从"径流模拟"向"径流预报"发展的阶段,基于分解集成的自适应预报研究为具有现实意义的径流预报研究提供了思路。另外,分解策略对预报模型的适用性研究亦逐步受到关注,且关于分解策略的实用性存在不同观点[86-88],但已有研究多关注于不同模型预报效果的比较以判别模型是否实用,尚未深入探索径流分解对模型适用性的影响机制。因此,本书将在已有自适应预报研究的基础上,从分解集成对模型的作用机制出发提出模型适用性研究框架,进一步发展分解集成预报研究体系。

1.3.3 径流过程预报的时间解集模型研究概述

在水文研究领域,径流量具有时间累加性,如年径流是由逐月径流累加而成,累加的过程称为聚集,相应地,可以将年径流量分解成各月的径流,分解过程称为解集。时间解集模型是一种从径流总量中生成不同尺度(季节、月、日等)径流过程序列的随机模拟方法,为径流随机特性描述和径流过程设计提供了重要的技术手段,可以为水资源规划和管理提供大量的径流时间序列过程。

经过几十年的发展,解集模型及其在水文中的应用取得了许多研究成果。从理论方法上,主要分为相关解集模型、典型解集模型和非参数解集模型。Svanidze 于 1964 年提出了典型解集模型并用于随机径流的模拟[89]。Valencia 和 Schakke 于 1973 年提出了相关解集模型[90]。20 世纪 90 年代,Santos 和 Salas 提出了分步式解集模型[91],将总量逐时段分解为当前分量和剩余待分配时段的总量,直至分解到各个时段为止。Lin 等[92]于 1992 年提出了解决解集模型失效的新方法,基于聚集思想,利用季节序列的周期模型参数估计年度模型的参数,进而根据年模型和周期模型得到解集模型参数,该方法保留了年总量与季节之间的相关性。Maheepala 和 Perera[93]提出了一种改进的解集方法生成逐月水文资料,较好地保存了历史数据序列的月统计参数和年统计参数。Tarboton 等[94]于 1998 年提出了基于核密度估计的非参数解集模型,弥补了传统相关解集模型中存在先验假设以及对非线性关系描述的不足。Silva 和 Portela[95]采用典型解集模型进行了月径流过程的模拟,并对 3 种年内分配过程生成方法进行了对比研究。Portela 等[96]于 2016 年将典型解集模型运用于 50 多个河流测站月流量序列生成模拟,并指出解集模型可以用于包括年、季节、月和日等任意时间尺度的径流模拟。

解集模型在国内的研究和应用起步相对较晚,胡康萍[97]于1985年采用解集模型模拟了年最枯49日的周径流序列和日径流序列并建立了实用的模型验证方法。随后,相关学者在非参数解集和典型解集模型的理论方法和应用方面开展了较多研究。在非参数解集方面,王文圣等[98]指出了传统的解集模型存在的缺点[99],包括仅考虑了研究变量间的线性相依关系而未能描述现实水文变量的复杂非线性关系、假定总量与分量的概率分布与真实情况可能存在显著的差异、模型参数太多等,将非参数解集模型应用于金沙江流域屏山站的月径流随机模拟,克服了传统解集模型不足,同时也指出了非参数解集模型的不足之处。赵太想等[100]针对非参数解集模型提出了基于小波消噪处理的带宽系数估计策略。Wang和Ding[101]建立了基于核密度理论的非参数模型并应用于金沙江流域日径流的生成。谢萍萍[102]应用非参数解集模型及改进模型,进行陕北地区7个水文测站的月径流和汛期日径流模拟,探讨研究了模型在径流随机模拟中的应用问题。赵丽娜等[103]建立了最大熵分布扰动最近邻抽样随机模型,为年径流随机模拟提供了一种新途径。近年,王文圣等[104]进一步针对非参数解集模型存在的不足,提出了基于改变条件概率密度函数的改进策略。在典型解集方面,陈雪英等[105]采用改进的典型解集模型模拟了宜昌站的径流序列,应用于三峡水库水利计算及优化调度研究。徐利岗等[106]运用季节性随机模型理论建立了洛河月径流量典型解集模型,为来水量预报和用水管理提供依据。王世策[107]运用AR模型和典型解集模型对隔河岩水库入库径流进行随机模拟,研究认为典型解集模型效果相对较好。周研来等[108]提出了基于Copula函数的解集模型,运用于年径流过程的随机模拟,较好地模拟了原序列的统计特性。张波等[109]考虑径流序列的年际和年内分配的变异特性,将典型解集运用于非一致性年径流过程设计。梅超等[110]采用双层模型法和典型解集法进行月径流模拟,两种方法的比较表明,基于典型解集分解法的月径流年内分配过程与实测径流的符合程度较高。

从解集模型的发展看,传统的相关解集逐渐发展为以非参数解集模型为主,典型解集模型的改进也是另一个主要发展方向;从应用上看,较多的研究运用解集模型进行径流随机模拟或过程设计,为水库调度提供径流资料,尤其是典型解集法因具有建模简单的特点,得以广泛应用。然而,上述研究主要关注解集模型方法在径流过程模拟中的表现,即提高模拟序列保持历史统计特征的能力,以提供反映径流随机特性的序列,在径流预报方面应用相对较少。

为解决径流过程预报的多步长问题,亦有研究将时间解集模型运用于径流过程预报[111],尤其是长预见期预测预报。Delleur[112]将解集模型用于径流解集研究,指出将月时间序列聚合为年时间序列可以改进年时间序列模型的参数估计。宋洋[113]在苏帕河流域梯级水电站联合优化调度模型研究中,在年径流预报的基础上,采用基于丰枯分级的典型解集模型进行年径流过程的模拟预测,并检验证明了模型的实用性。但前述研究多为针对典型或代表年份的预报,难以适应年径流预报不确定性和自适应预报情景下水库调度对入库径流预报的需求。

因此,本书选择较为成熟的典型解集模型为理论基础,构建考虑年径流预报不确定性的自适应预报解集模型,探索模型在预报不确定性和自适应预报情景中对年内径流过程预报的适用性,以期为水库预报调度提供径流过程预报信息。

1.3.4 水库预报调度及径流预报效益研究概述

根据水文径流预报在流域管理中决策目标的不同,预报效益的评估相应地包括防洪减灾效益[114-116]、水资源优化利用效益、工程调度运用效益评估[117]等方面。本节围绕径流预报在水库调度的应用,开展考虑径流预报的调度模型和径流预报效益评估方面的研究进展调研。

水库调度按照基本理论方法分为常规调度图和优化调度,其中优化调度包括确定性优化调度和随机性优化调度。确定性优化调度以确定性径流过程作为模型输入,缺乏对径流不确定性的考虑,难以在实际运行中应用。为考虑径流不确定性,发展了基于随机优化调度理论的显随机调度[118,119]和隐随机调度[120,121]。在显随机调度中,入库径流以转移概率的形式耦合到优化调度模型的目标函数,将效益期望值作为优化目标[122];隐随机调度则将问题转化为基于径流情景模拟的确定性优化调度,在制定确定性调度方案集的基础上,利用线性回归和机器学习等方法提取水库调度运行规则[123-125]。已有较多研究将入库径流预报及其不确定性信息纳入水库调度决策[126,127]。以水库调度决策为目标的径流预报效益评估的重点是预报调度模型[128,129]构建和基于预报的调度效益计算分析。

在预报调度模型方面,目前常规调度图、确定性优化调度模型、显随机调度模型和隐随机调度模型均被应用于考虑径流预报及其不确定性的水库调度模型构建,将不同的理论方法运用于预报径流的描述,如基于预报的白噪声模型法[130]、模糊模型法[131]、场景树法[132]、贝叶斯理论法[133]等。Xie 等[134]提出了一种新的考虑月径流预测误差的长期发电调度方法用于预报调度图的编制。Zambelli 等[135]基于模糊推理系统的预测模型和确定性非线性优化调度进行水库长期发电调度运行策略的制定。

Moreira 和 Celeste[136]以平均流量作为预报情景，制定了月尺度的水库调度规则。Mujumdar 和 Nirmala[137]考虑入库径流及其预报不确定性，提出了水库群发电调度的贝叶斯随机动态规划（Bayesian Stochastic Dynamic Programming，BSDP）模型。Fan 等[138]关注径流预报不确定性信息的利用，提出了一种结合多阶段随机优化的情景树约简技术并运用于水库多目标发电调度问题。Zhang 等[139]提出了一种新的水电站运行 BSDP 模型，充分利用长期、中期、短期来水预报结果。Tan 等[140]建立了基于水库发电调度的 BSDP 模型，基于 Copula 函数的理论估计方法来描述入库径流及其预报不确定性。

在径流预报效益评估方面，针对径流预报在水库调度中的不同决策目标建立预报效益评价指标。Arsenault 和 Côté[141]进行了预报误差对水库发电量的影响分析。董晓华等[142]以三峡水库为研究对象，开发了基于入库径流预报的水库中期优化调度模型，然后利用这一模型研究了预报的质量对年发电量的影响，以此评估径流预报效益。龙子泉等[143]通过分析有、无水文预报的水资源调度误差的概率分布函数，建立了水资源调度中水文预报效益定量描述模型。诸葛亦斯等[144]建立了考虑入库径流预报的长短期耦合梯级发电优化调度模型，研究了锦屏梯级电站发电效益、预见期、预测精度三者间的量化关系，据此提出了发电调度对入库径流预报的要求。熊艺淞[145]分析了径流预报不确定性和预测精度之间的定量关系，并开展了梯级水库群调度效益风险评价。付文婷[146]基于隐随机优化调度理论，研究了径流误差对澧水流域水库（群）调度规则制定结果的影响并进行了效益评估。潘志涛[147]分析了径流预报的不确定性对白石水库调度效益的影响，指出径流预测精度达到80%以上时，可充分发挥水库的综合调度效益。

综上所述，从水库调度模型发展来看，已经从确定来水条件下的常规调度或优化调度发展为考虑径流预报不确定性的优化调度模型；从水库调度中的预报效益研究看，从基于径流预报的调度效益评估，逐渐发展为考虑预报不确定性对调度效益的影响，进一步给出了何种精度的预报能指导水库调度效益发挥的建议。可见，预报效益研究正向指导水库调度决策中预报信息的有效运用发展。

本书在已有研究成果经验的基础上，以水库优化调度模型和隐随机调度模型为理论基础，建立考虑预报及其不确定性的水库长期发电调度模型，研究径流预报效益和有效性评估方法，进一步发展水库调度中的预报效益评估理论体系。

1.4　研究流域概况

金沙江流域是长江的上游河段，发源于唐古拉山脉，跨青海、西藏、四川、云南、贵州 5 省(自治区),流域面积 47.32 万 km²,占长江流域面积的 26％。金沙江流域水资源量充沛、水能资源丰富,是我国最大的水电基地之一。

金沙江干流全长 2290km,以石鼓和攀枝花为界划分为 3 个河段,巴塘河口至石鼓为上游,石鼓至攀枝花为中游,攀枝花至宜宾为下游。金沙江下游全长 783km,落差约 729m,是金沙江流域水能资源最为丰富的河段。溪洛渡、向家坝水电站是金沙江下游的最后两个梯级,控制面积占金沙江流域的 97％,以发电为主,并在防洪、灌溉、拦沙、改善通航等方面发挥重要的综合效益。溪洛渡、向家坝两座水电站分别于 2005 年和 2006 年正式开工,于 2013 年和 2012 年首批机组投入发电运行,作为"西电东送"战略的骨干工程,其安全经济运行对促进区域经济社会发展和实现我国能源的优化配置具有重要意义。

本书选取金沙江下游溪洛渡、向家坝水库为研究对象,开展水库径流预报及考虑径流预报的水库优化调度研究,对掌握流域水资源演变情势、指导梯级水库的优化调度运行具有重要的工程应用价值和现实意义。

屏山水文站是溪洛渡、向家坝水库的设计依据站。2010 年以前,溪洛渡、向家坝水电站尚未投入运行,且其上游干流尚未建成大规模的梯级水库群,屏山站实测径流受水库调蓄的影响较小,对溪洛渡、向家坝水库天然入库径流具有较好的代表性。因此,本书选择 1956—2010 年的屏山站实测径流资料作为研究数据,开展水库入库径流预报和梯级水库调度模拟实验研究。

金沙江流域和溪洛渡—向家坝梯级水库分布如图 1-1 所示。水电站的主要特征参数包括正常蓄水位、汛限水位、死水位、最小下泄流量和装机容量等,如表 1-1 所示。

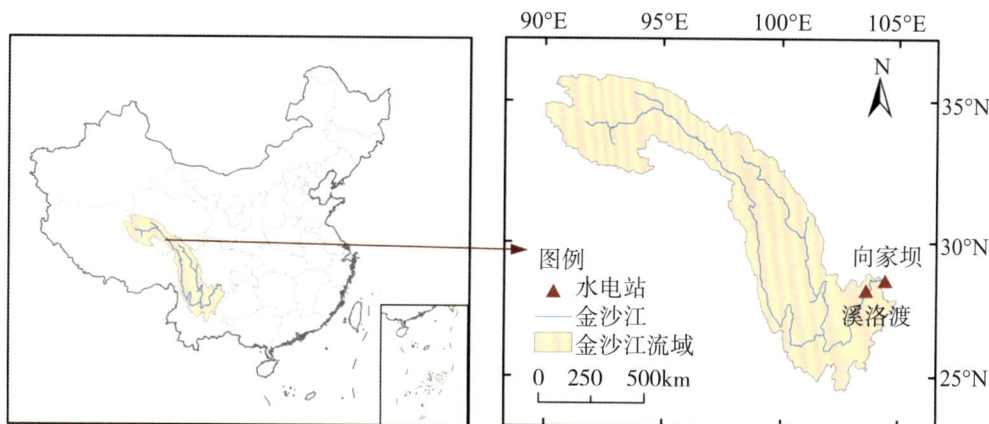

图 1-1 金沙江流域和溪洛渡—向家坝梯级水库分布

表 1-1　　　　　　　　　　溪洛渡—向家坝梯级水库特征参数

水库名称	正常蓄水位 /m	汛限水位 /m	死水位 /m	最小下泄流量 /(m³/s)	装机容量 /MW
溪洛渡	600	560	540	1200	13860
向家坝	380	370	370	1200	6400

1.5　本书主要研究内容及章节安排

本书围绕变化环境下年径流自适应预报及预报不确定条件下水库调度中面临的关键科学技术问题,构建自适应预报调度研究框架,以金沙江下游溪洛渡—向家坝梯级水库为研究对象,探索自适应加法预报模型的动态响应机制,探究径流分解集成对预报模型适用性的影响机理,提出年内径流过程不确定性预报的解集模型并探讨其在自适应预报模式的适用性;开展预报不确定性条件下水库径流预报效益研究并辨识预报信息的有效性。全书分为6章,图1-2展示了本书总体研究框架及各章节的关系,主要章节内容安排如下:

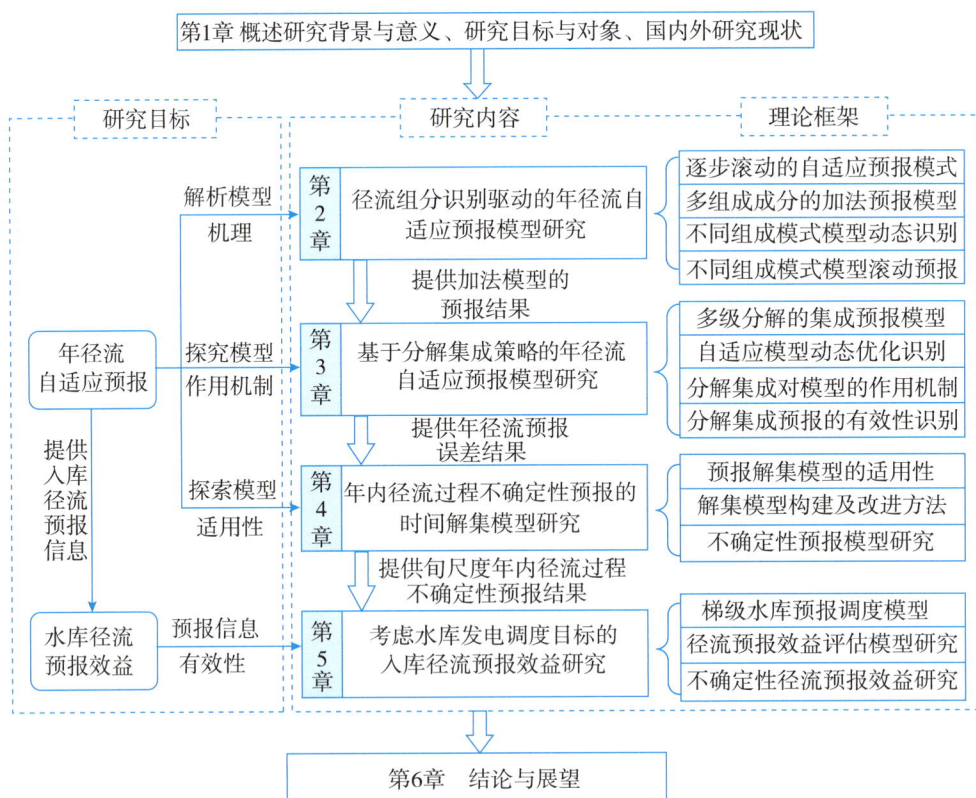

图 1-2　本书总体研究框架

（1）第 1 章——绪论

阐述了本书的研究背景与意义、研究目标与对象，综述了径流组分识别的加法模型、径流分解集成预报模型、径流解集模型及水库径流预报效益等方面的研究现状及发展趋势，确定了本书的主要研究内容和总体框架。

（2）第 2 章——径流组分识别驱动的年径流自适应预报模型研究

考虑变化时间及突变、趋势、周期性的不同类别、分离顺序和识别方法，提出了逐步滚动和多组成模式的自适应加法预报模型框架，包括逐步滚动的自适应预报模式、基于径流成分识别的多组成模式加法预报模型及模型评价方法，为本章研究提供理论与方法；在此基础上，从模型动态识别和自适应预报两个方面开展多组成模式的加法预报模型实验研究，探索模型在动态径流数据、不同组成模式及二者协同作用下的响应机制，为年径流的自适应加法模型构建提供方向指导。

（3）第 3 章——基于分解集成策略的年径流自适应预报模型研究

为探索分解集成对预报模型适用性影响机制，构建了逐步滚动和多级分解集成的自适应预报模式，从模型优化识别、分解集成作用和模型有效性辨识 3 个方面提出了自适应分解集成预报模型的研究框架。以溪洛渡入库年径流为实例对象，比较研究了不同寻优范围、优化准则的模型优化方案，为自适应模型提供动态优化识别方法；然后，分析径流分解对变化序列随机特性及模型结构和性能的影响以期探究分解策略在预报模型中的作用机制；最后，基于不同模型预报的结果集，评估分解集成对模型改善效果的有效性，为实用性的预报模型构建探明方向。

（4）第 4 章——年内径流过程不确定性预报的时间解集模型研究

针对年内径流过程预报长预见期、多步长等带来的预报不确定性问题，提出了逐年滚动的自适应预报解集模式，将预报年径流分配至年内径流过程。从解集模型统计学含义出发，提出了基于年径流和年内分配特征相关性分析的模型适用性评估方法，探讨了解集模型在滚动预报和历史模拟两种情景的适用性；在此基础上，构建了考虑年径流预报不确定性的预报解集模型，并针对典型解集法存在不足提出了考虑年内分配不确定性的最邻近高斯采样解集方法。将所提模型用于溪洛渡句尺度年内入库径流过程预报研究，验证了所提模型的改进效果，分析了年径流预报不确定性对年内径流过程预报效果的影响。

（5）第 5 章——考虑水库发电调度目标的入库径流预报效益研究

从预报信息的有效利用出发，围绕径流预报在水库调度中的预报效益问题开展研究。首先构建了以发电为目标的梯级水库预报调度模型;在此基础上,以发电量和电力市场下的发电收益为效益指标,提出了有—无预报对比的预报效益及有效性评估模型,以溪洛渡—向家坝梯级水库为研究对象,验证了所提预报效益及有效性评估模型的实用性;进一步,基于隐随机思想构建了预报调度效益损失评估模型,采用不确定性年内径流过程预报结果作为入库径流预报信息,研究了预报不确定性对溪洛渡—向家坝梯级发电调度效益损失的影响规律。

（6）第 6 章——总结与展望

本章总结了本书取得的主要工作成果、创新点,对研究过程中存在的有待进一步探讨的问题进行了展望。

第 2 章　径流组分识别驱动的年径流自适应预报研究

2.1　概述

受气候变化、人类活动及下垫面变化等众多因素影响,河川径流过程存在复杂的变化特性及演变规律。水文学常假定径流序列由确定性成分和随机性成分组成,其中确定性成分主要包括趋势性、突变性、周期性等,将确定性成分分离的剩余序列称为随机性成分。加法模型是运用径流成分识别方法将径流序列量化描述为前述多种径流成分线性叠加的方法,基于径流成分变化特征在未来一段时期内保持不变的基本假定,可运用加法模型进行径流推演预报。因此,径流成分识别即加法模型识别是构建加法预报模型的基础。在径流成分识别方面,已有研究多以固定时期的历史径流序列作为分析基础,难以为变化时间下径流动态预报提供准确的指导。在径流预报方面,已有研究对周期外推或趋势周期叠加等组合模型进行对比[59],或运用均值周期叠加的加法模型进行年径流滚动预报[60],但模型组成形式考虑仍不够全面且缺乏对动态数据与模型响应机理的定量化解析。为此,本书考虑变化时间及突变、趋势、周期性的不同类别、分离顺序和识别方法,构建基于逐步滚动和多组成模式加法模型的年径流自适应预报模型框架,探索模型在动态径流数据、不同组成模式及二者协同作用下的响应机制,为年径流自适应加法模型构建提供理论指导。

金沙江流域位于长江上游,具有丰富的水资源及水能资源,是我国最大的水电基地之一。因其重要的战略地位,已有较多学者围绕金沙江流域水文径流及水能资源利用开展了相关研究。在径流演变特性方面,已有针对流域上、中、下游控制站断面的研究[44]指出金沙江流域径流在 1961—2010 年呈现不显著上升趋势,存在突变年份及多个显著周期,但研究工作尚未基于径流成分分析进行自适应加法预报模型方面的研究。溪洛渡、向家坝梯级是金沙江下游的最后两级巨型水电站,控制面积占金沙江流域的 97%,可靠的入库径流预报对掌握流域水资源情势、指导梯级水库的优化调度具有重要的现实意义。因此,本书以溪洛渡水库为研究对象,开展年径流自适应加法预报模型研究,研究成果将有利于进一步认识金沙江下游水文径流的动态演化规律及其预报的本质规律,为可靠的径流预报提供方向指导。

本章技术路线如图 2-1 所示。首先,基于径流成分识别方法构建自适应加法预报模型框架,包括基于逐步滚动的自适应预报模式、多组成模式的加法预报模型及自适应模型评价方法,为本章研究提供理论与方法;在此基础上,从模型动态识别和自适应预报两个方面开展多组成模式的加法预报模型实验研究。

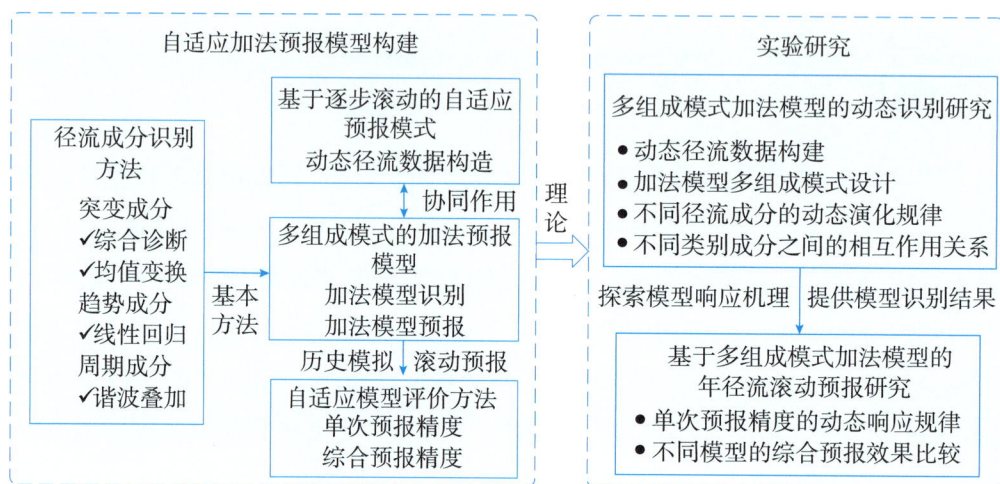

图 2-1 径流组分识别驱动的年径流自适应预报模型研究技术路线

2.2 自适应加法预报模型构建

2.2.1 径流成分识别方法

对径流序列进行突变、趋势、周期性识别并提取相应的组成成分,是构建加法模型的理论基础。本节将介绍本书采用的突变性、趋势性、周期性的识别方法,以及三种变异成分的拟合方法,书中径流成分的拟合也称为识别或提取。

2.2.1.1 突变性识别方法

采用 Mann-Kendall 检验法、滑动 t 检验法、Pettitt 检验法、SNHT 检验法、Buishand 检验法等对径流序列进行突变检验,以"投票法"[148]为原则进行初步识别,再采用秩和检验进行突变显著性检验,最终诊断出突变点。

（1）Mann-Kendall 检验法

Mann-Kendall 检验法是由曼（H. B. Mann）和肯德尔（M. G. Kendall）提出并发展的一种典型的非参数统计检验方法[149,150]，该方法可用于时间序列突变检验。

设有 n 个样本的水文时间序列 $x_1, x_2, \cdots, x_n$，通过下式构造一个秩序列：

$$
\begin{aligned}
s_k &= \sum_{k=1}^{n} r_k \qquad (k=2,3,\cdots,n) \\
r_k &= \begin{cases} 1 & (x_j - x_i) < 0 \\ 0 & \text{否则} \end{cases} \qquad (j=1,2,3,\cdots,i)
\end{aligned} \tag{2-1}
$$

式中，s_k——样本变量数值在 j 时刻小于 i 时刻的累计个数。

当 $x_1, x_2, \cdots, x_n$ 独立同分布时，s_k 的期望 $E(s_k)$ 和方差 $\mathrm{Var}(s_k)$ 的计算式分别为：

$$
\begin{aligned}
E(s_k) &= \frac{n(n+1)}{4} \\
\mathrm{Var}(s_k) &= \frac{n(n-1)(2n+5)}{72}
\end{aligned} \tag{2-2}
$$

秩序列 s_k 的标准化序列：

$$
UF_k = \begin{cases} 0 & k=1 \\ \dfrac{s_k - E(s_k)}{\sqrt{\mathrm{Var}(s_k)}} & (k=2,3,\cdots,n) \end{cases} \tag{2-3}
$$

将时间序列 x 逆序 $x_n, x_{n-1}, \cdots, x_2, x_1$，重复上述计算过程，并给计算值乘以 -1，得到逆序统计变量 UB_k：

$$
UB_k = -UF_k = \begin{cases} 0 & k=1 \\ -\dfrac{s_k - E(s_k)}{\sqrt{\mathrm{Var}(s_k)}} & (k=2,3,\cdots,n) \end{cases} \tag{2-4}
$$

在坐标轴上分别绘制 UF_k 与 UB_k 两条曲线，若在给定显著性水平置信区间内两条曲线相交，则交点为突变点。

（2）滑动 t 检验法

将时间序列 X 按照基准点分为两段，前后两段子序列样本数分别记为 n_1 和 n_2，序列均值记为 $\overline{X_1}$ 和 $\overline{X_2}$，方差记为 σ_1^2 和 σ_2^2。原假设两段子序列均值无差异（H_0）。

定义滑动 t 检验的统计量：

$$t = \frac{\overline{X}_1 - \overline{X}_2}{\sqrt{\dfrac{n_1\sigma_1^2 + n_2\sigma_2^2}{n_1 - n_2 - 2}}\sqrt{1/n_1 + 1/n_2}} \tag{2-5}$$

给定一显著性水平 α，当 $|t| < t_\alpha$，则认为基准点前后两子序列均值没有明显差异（接受 H_0），否则认为时间序列 X 在基准点处发生突变。应用该方法时需设置参数 n_1、n_2，根据 t 检验自由度 $(n_1 + n_2 - 2)$ 和置信水平 α 得 t_α。

（3）Pettitt 检验法

Pettitt 检验法[151]是由 Pettitt 提出的利用秩序列进行变异点识别的非参数检验方法。设有 n 个样本的水文时间序列 $x_1, x_2, \cdots, x_n$，对其秩序列 $r_1, r_2, \cdots r_n$ 构造统计量：

$$S_k = 2\sum_{i=1}^{k} r_i - k(n+1) \qquad (k = 1, \cdots, n) \tag{2-6}$$

若序列在某年 $k = K$ 出现突变，则 $S_K = \max|S_k| (1 \leqslant k \leqslant n)$。

（4）SNHT 检验法

SNHT（Standard Normal Homogeneity Test，标准正态均一性检验）法是由 Alexandersson[152] 提出参数统计类方法。该方法要求序列服从正态分布，需将序列标准化为正态分布以后进行统计。

设有 n 个样本的水文时间序列 $x_1, x_2, \cdots, x_n$，构造统计量：

$$T_k = k\overline{z}_1^2 + (n-k)\overline{z}_2^2 \qquad (k = 1, 2\cdots, n)$$

$$\overline{z}_1 = \frac{1}{k}\sum_{i=1}^{k}\frac{(x_i - \overline{x})}{s} \tag{2-7}$$

$$\overline{z}_2 = \frac{1}{n-k}\sum_{i=k+1}^{n}\frac{(x_i - \overline{x})}{s}$$

若序列出现突变，则 $T_0 = \max|T_k| (1 \leqslant k \leqslant n)$。

（5）Buishand 检验法

Buishand 检验法为累计距平法[153]。设 n 个样本的水文时间序列 $x_1, x_2, \cdots, x_n$，定义：

$$S_0 = 0, \quad S_k = \sum_{i=1}^{k}(x_i - \overline{x}) \qquad (k = 1, 2, \cdots, n) \tag{2-8}$$

如果存在突变点，则在突变点处 S_k 达到最大值或最小值。

（6）秩和显著性检验

设有 n 个样本的水文时间序列 $x_1, x_2, \cdots, x_n$，其突变点为 k，将序列分成两个部分，样本数为 n_1 和 n_2。原假设两个序列的分布函数相等，即两个样本来自同一总体。

将序列按照升序或降序排序并编号，每个数对应的编号称为该数的"秩"。记容量小的样本中各个数的秩之和为 W。

当 n_1, n_2 大于 10 时，W 趋近于正态分布：

$$W \sim N\left(\frac{n_1(n_1 + n_2 + 1)}{2}, \frac{n_1 n_2(n_1 + n_2 + 1)}{12}\right) \tag{2-9}$$

构造统计量：

$$U \sim \frac{W - \left(\frac{n_1(n_1 + n_2 + 1)}{2}\right)}{\sqrt{\frac{n_1 n_2(n_1 + n_2 + 1)}{12}}} \sim N(0,1) \tag{2-10}$$

上式中，n_1 为容量较小的样本数。给定显著水平，当 U 在置信区间以内，接受原假设，即两个样本来自同一个总体；否则，来自不同总体，认为原序列突变显著。

当 n_1, n_2 小于 10 时，在给定显著水平下，统一量 W 在秩和检验临界值下限 W_1 和上限 W_2 之间，认为两个样本差异性不显著；否则认为原序列突变显著。

2.2.1.2　趋势性识别方法

本书采用线性回归检验法和 Sen's 斜率估计法定量识别时间序列的趋势变化大小，采用 Mann-Kendall 法进行趋势显著性检验。

（1）线性回归检验法

采用一元线性回归方程识别径流序列趋势的变化和幅度，表达式如下：

$$Y = mx + b \tag{2-11}$$

式中，x——时间的因变量；

　　Y——时间序列的拟合值；

　　m——斜率，表征时间序列变化趋势的幅度大小；

　　b——截距。

线性回归模型的参数采用最小二乘回归法求解。

（2）Sen's 斜率估计法

Sen's 斜率估计法是 Sen 于 1968 提出并发展的一种非参数检验法[154]，其基本思想是基于一元线性回归模型，任意取两组观测值求斜率，再取斜率样本的中位数作为斜率参数估计值,也称为中值估计法。

设有时间序列 X_t,则趋势变化幅度为:

$$S = \text{median}\left[\frac{x_j - x_i}{j - i}\right] \quad (j > i, j = 2, 3, \cdots, n) \quad (2\text{-}12)$$

式中,n——序列长度;

S——趋势幅度,若为正,则表示上升趋势,反之为下降趋势。

(3)Mann-Kendall 趋势检验

Mann-Kendall 趋势检验法,最早于 1945 年由 Mann 发表,1975 年经 Kendall 对其进行改进后,被广泛应用于水文气象领域时间序列分析。

设时间序列为 $X_1, X_2, \cdots, X_n$,构造 Mann-Kendall 检验统计量 S,如下:

$$S = \sum_{i=1}^{n-1}\sum_{j=i+1}^{n} \text{sgn}(X_j - X_i) \quad (2\text{-}13)$$

式中,X_i 和 X_j——连续的实测数据;

n——数据长度;

sgn()——符号函数,取值为:

$$\text{sgn}(\theta) = \begin{cases} 1 & (\theta > 0) \\ 0 & (\theta = 0) \\ -1 & (\theta < 0) \end{cases} \quad (2\text{-}14)$$

统计变量 S 服从渐进正态分布,其期望和方差计算式为:

$$\begin{aligned} E(S) &= 0 \\ \text{Var}(S) &= n(n-1)(2n+5)/18 \end{aligned} \quad (2\text{-}15)$$

进一步,构造统计量 Z,如下:

$$Z = \begin{cases} \dfrac{S-1}{\sqrt{\text{Var}(s)}} & (S > 0) \\ 0 & (S = 0) \\ \dfrac{S+1}{\sqrt{\text{Var}(s)}} & (S < 0) \end{cases} \quad (2\text{-}16)$$

Z 服从标准高斯分布,给定显著性水平 α,当 Z 的双边趋势检验 $|Z| \geq Z_{1-\alpha/2}$,则拒绝原假设,即序列具有显著趋势,Z 值为正,表示序列呈上升趋势,反之为下降趋势。

2.2.1.3 周期性识别方法

本书采用周期图法和累计解释方差图法进行年径流序列的显著周期成分识别。

上述两种方法的基本原理是基于谐波的频谱分析,将在时间序列上具有连续性水文序列作为一个样本函数,用傅里叶级数表示,即为多个不同频率的正弦波和余弦波的叠加。设有时间序列记作 x,其距平序列为 $y=\{y_1,\cdots,y_n\}$,若 y 在显著性水平 α 下满足平稳性条件[155],则将 y 展开成傅里叶级数为:

$$y_t = \sum_{j=1}^{l} (a_j \cos\omega_j t + b_j \sin\omega_j t) \tag{2-17}$$

$$a_j = \frac{2}{n}\sum_{t=1}^{n} y_t \cos\omega_j t, \quad b_j = \frac{2}{n}\sum_{t=1}^{n} y_t \sin\omega_j t, \quad \omega_j = \frac{2\pi}{n}j \tag{2-18}$$

式中,l——谐波的总个数;

n——当偶数时,$l=n/2$;

n——当奇数时,$l=(n-1)/2$;

a_j 和 b_j——各谐波分量对应的振幅,即傅里叶系数;

ω_j——对应谐波的角频率,为基本频率 $w_1=(2\pi/n)$ 的 j 倍。

可以证明,所有谐波振幅平方的一半之和等于时间序列的方差:

$$s^2 = \sum_{j=1}^{l} \frac{1}{2}(a_j^2 + b_j^2) = \sum_{j=1}^{l} (A_j^2/2) \tag{2-19}$$

式中,s^2——时间序列样本方差;

$A_j^2/2$——第 j 个谐波的方差。

（1）周期图法

周期图法也称方差线谱法,通过谐波的振幅随频率的变化关系图来解释频率的强弱,进而通过假设检验识别出显著周期成分。

构造统计量 F_j,作为检验第 j 个谐波显著性的指标,如下:

$$F_j = \frac{0.5A_j^2/2}{(s^2 - 0.5A_j^2)/(n-2-1)} \sim F(2, n-3) \quad (i=1,2,\cdots,l) \tag{2-20}$$

式中,F_j 服从自由度为 $(2,n-3)$ 的 F 分布。给定显著性水平 α,若 $F_j > F_a$,则第 j 个谐波显著;反之不显著。若有 d 个显著周期,则有:

$$y_t = \sum_{j=1}^{d} (a_j \cos\omega_j t + b_j \sin\omega_j t) + \varepsilon_t \tag{2-21}$$

式中,谐波累加部分为主周期成分,主周期 $T_j = 2\pi/w_j$;ε_t 为时间序列 y_t 去掉主周期项后的剩余序列。

（2）累积解释方差图法

累积解释方差图法通过分析各个谐波对时间序列方差的贡献来识别显著谐波。

定义方差贡献率 $c_j = A_j^2/2s^2$，将 c_j 按照从大到小的顺序进行排列，得到新的序列 C_j，并依次累加计算得到 B_m：

$$B_m = \sum_{j=1}^{m} C_j^2 \quad (j=1,2,\cdots l) \tag{2-22}$$

绘出 B_m 与 m 的关系曲线，观察曲线从急剧增加到某一点后缓慢变化，转折点对应的 m 值即为显著谐波的个数 d。

2.2.1.4 径流成分拟合方法

（1）突变成分拟合

将原序列按照突变点进行分段，认为第一个子序列代表天然径流序列，后续片段均为变异径流，称为变异子序列。本书将各变异子序列通过均值变换[156]，还原至天然径流相同的均值水平，消除均值变异成分。记 K 个突变点将原序列分段的子序列为 $X_0, X_1, \cdots, X_K$，则突变成分表达如下：

$$\delta_k = \overline{X}_k - \overline{X}_0 \quad (k=1,\cdots,K) \tag{2-23}$$

式中，$\overline{X}_0$——天然子序列的均值；

$\overline{X}_k$——第 k 个变异子序列的均值。

（2）趋势成分拟合

采用一元线性回归方程对时间序列进行拟合，线性回归模型的斜率和截距参数采用最小二乘回归法求解。提取拟合方程中的一次项作为趋势成分，表达式如下：

$$\tilde{y} = mx \tag{2-24}$$

式中，x——时间的因变量；

$\tilde{y}$——趋势成分的拟合值；

m——斜率参数。

（3）周期成分拟合

提取式（2-21）中的主周期项作为周期成分，表达式如下：

$$\tilde{y}_t = \sum_{j=1}^{d} (a_j \cos\omega_j t + b_j \sin\omega_j t) \tag{2-25}$$

式中，$\tilde{y}$——周期成分的拟合值；

d——显著谐波个数；

其他变量含义同式（2-21）。

2.2.2　自适应加法预报模型与评价方法

2.2.2.1　逐步滚动的自适应预报模式

自适应预报通常是在模型构建时根据新的径流样本对模型进行动态更新,为充分利用历史序列的变化规律,本书构建了逐步滚动的自适应预报模式。

（1）动态径流序列构建

将 N 个年份的实测数据分为初始训练期（M_X 年,代表初始历史序列）和预报期（N_Y 年,代表未来更新的信息）。为对滚动预报模式构建过程进行描述,对实测径流、变化训练期径流序列样本进行定义:①N 个年份的实测数据为 $Q_t(t=1\sim N)$;②变化训练期的径流序列个数为 N_Y+1,第 n 个径流序列记为 $X_{n,m}(n=1\sim N_Y+1,m=1\sim M_X+n-1)$,$m$ 为序列的样本序号,当前序列样本数为 M_X+n-1。逐步滚动更新的训练期径流序列构建流程如图 2-2 所示。

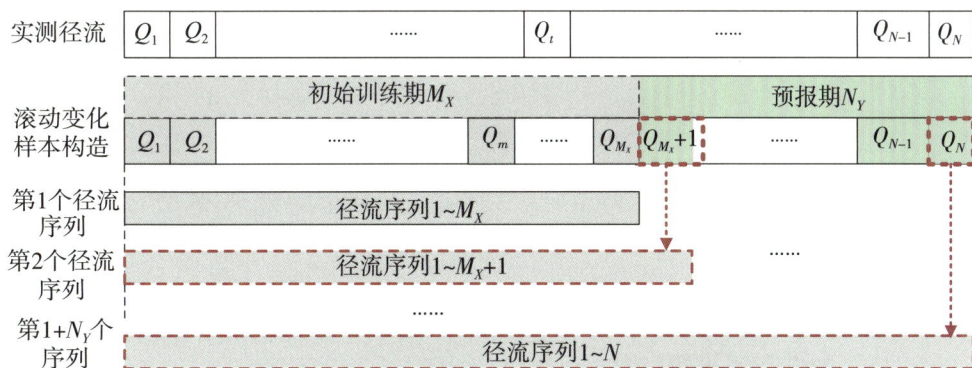

图 2-2　逐步滚动更新的训练期径流序列构建流程

（2）自适应预报模式

在变化训练期径流序列构建的基础上,进行逐个径流序列的突变、趋势、周期等特性识别,并提取相应的组成成分以构建加法预报模型,运用加法预报模型进行年径流单步预报,直至完成预报期年径流的逐步滚动预报。

2.2.2.2　多组成模式的加法模型

（1）加法模型识别

设有 n 个样本的径流时间序列 $X(t)=x_1,x_2,\cdots,x_n$,由突变、趋势、周期、均值和随机成分组成,则径流序列组成成分的加法模型描述为:

$$X(t) = M(t) + T(t) + P(t) + \mu + S(t) \tag{2-26}$$

式中，$M(t)$，$T(t)$，$P(t)$，μ，$S(t)$——突变成分、趋势成分、周期成分、剩余序列的均值，以及除去均值即中心化的随机剩余序列。

本书将式(2-26)中的前四项即突变、趋势、周期和均值成分累加的序列称为"确定性成分"。

加法模型识别即基于年径流由突变、趋势、周期等确定性成分和随机性成分组成的假定，采用相应的方法进行径流组成成分的识别。本书突变、趋势、周期成分分别按照 2.2.1.4 节中的式(2-23)至式(2-25)进行拟合。

需指出的是，不同成分识别可能因假定的成分类别、识别顺序和方法而存在差异，不同组成模式的加法模型构建将在 2.3 节中进行具体的研究讨论。

（2）加法预报模型

若以 m 为样本序号变量，采用式(2-26)中的加法模型识别方法对第 n 个预报年对应的样本数为 $M_X + n - 1$ 的径流序列成分识别，按照式(2-26)的加法模型表达式如下：

$$X(m) = M(m) + T(m) + P(m) + \mu + S(m) \quad (m = 1 \sim M_X + n - 1, n = 1 \sim N_Y) \tag{2-27}$$

式中，$M(m)$、$T(m)$、$P(m)$、μ、$S(m)$——加法模型拟合的突变、趋势、周期、均值常数、随机成分的函数式；

M_X——初始训练期年数，即预报年序号为 $n = 1$ 时，训练期样本序号 $m = 1$，2，$\cdots$，M_X，N_Y 为预报期年数。

加法预报模型的基本假定：径流序列的突变、趋势、周期和均值成分的变化特征在未来一段时期内保持不变，即突变成分按照式(2-23)的突变量延续至下一时刻、趋势成分按照式(2-24)的斜率参数延续至下一时刻、周期成分按照式(2-25)的谐波叠加形式延续至下一时刻、均值成分直接延续至下一时刻。

基于上述基本假定，将式(2-27)中突变、趋势、周期和均值等确定性成分拟合函数式分别外延至未来时刻，则预报步长为 1 的预报径流表达式如下：

$$\tilde{Y}(n) = \tilde{X}(M_X + n) = M(M_X + n - 1) + T(M_X + n) + P(M_X + n) + \mu \tag{2-28}$$

式中，$\tilde{Y}(n)$ 和 $\tilde{Y}(M_X + n)$——预报年 n 的预报值，即历史序列的外推模拟值。其中，突变项 $M(m)$ 为分段表达式，第 n 年的预报值直接等于上一时刻的突变量。

2. 2. 2. 3　自适应预报模型评价方法

为对自适应预报模型进行动态评价,考虑变化时间和模型预报含义构建了模型的综合评价指标体系。从变化时间上,自适应预报模型逐次依据新的训练期样本对模型进行重新率定以用于单步预报,完成预报期 N_Y 年的逐年预报需多次构建新的模型。因此,本书首先定义"单次评价指标"进行单次预报的模型评价,进而定义整个预报期的模型"综合评价指标"。从模型预报含义上,在单步预报模型构建时,径流样本数据分为训练期和预报期,训练期数据作为模型率定的已知信息,此阶段模型计算值为实测数据的拟合值,预报期的实测数据用于检验模型对未来时刻预报的精度。因此,本书从训练期和预报期两个方面进行模型性能评价,将训练期拟合精度称为"模拟精度",将预报期的模型精度称为"预测精度"。

本书选择平均绝对误差(Mean Absolute Error,MAE)、均方根误差(Root Mean Square Error,RMSE)、平均绝对百分误差(Mean Absolute Percentage Error,MAPE)和标准差百分误差(Standard Deviation of Percentage Error,SDPE)作为评价模型计算结果序列相对于实测序列的精度指标;以误差和相对误差作为单值预测精度指标。

本书预报模型的综合评价指标体系如表 2-1 所示,直观地反映了模型单次评价指标、综合评价指标以及模拟精度和预测精度之间的关系。

表 2-1　　　　　　　　　　自适应预报模型的评价指标体系

评价类别	训练期的模拟精度		预报期的预测精度	
	采用精度指标	评价内容	采用精度指标	评价内容
单步预报"单次评价指标"	MAE、RMSE、MAPE、SDPE	模型模拟结果序列相对于训练期实测序列的精度指标	误差、相对误差	误差为单个预报值与实测值的差值,差值占实测值的百分比称为相对误差
整个预报期"综合评价指标"	MAE、RMSE、MAPE、SDPE	N_Y 个模型模拟精度指标样本的平均值、标准差	MAE、RMSE、MAPE、SDPE	模型预报结果序列相对于预报期实测序列的精度指标

若 y_t $(t=1 \sim T)$ 代表实测值,$\tilde{y}_t$ $(t=1 \sim T)$ 代表模型计算值,T 表示所评价径流序列的样本数,给出 MAE、RMSE、MAPE、SDPE 等精度指标的计算公式如下:

（1）平均绝对误差（MAE）

平均绝对误差（MAE）单位与实测值相同，MAE 越小，拟合效果越好。

$$\text{MAE} = \frac{1}{T} \sum_{t=1}^{T} (y_t - \tilde{y}_t) \tag{2-29}$$

（2）均方根误差（RMSE）

均方根误差（RMSE）单位与实测值相同，RMSE 越小，拟合效果越好。

$$\text{RMSE} = \sqrt{\frac{1}{T} \sum_{t=1}^{T} (y_t - \tilde{y}_t)^2} \tag{2-30}$$

（3）平均绝对百分误差（MAPE）

平均绝对百分误差（MAPE）为相对误差序列的平均值，单位为％。

$$\text{MAPE} = \frac{1}{T} \sum_{t=1}^{T} \left| \frac{y_t - \tilde{y}_t}{y_t} \right| \times 100 \tag{2-31}$$

（4）标准差百分误差（SDPE）

标准差百分误差（SDPE）实质为百分误差（相对误差）的标准差，反映相对误差的波动变化程度，单位为％。百分误差 pe_t 和 SDPE 如下：

$$pe_t = \frac{y_t - \tilde{y}_t}{y_t} \cdot 100$$
$$\text{SDPE} = \sqrt{\frac{1}{T} \sum_{t=1}^{T} (pe_t - pe_{avg})^2} \tag{2-32}$$

上述公式中，pe_t 和 pe_{avg} 为第 t 时段的百分误差和 T 个时段百分误差的平均值。上述指标作为变化训练期的模拟精度评价时，变量 T 的变化范围为 $T = M_X \sim N-1$，M_X 为初始训练期年数，N 为径流样本总年数，y_t 为训练期的实测值；对于预报期的预测精度评价，变量 $T = N_Y = N - M_X$，N_Y 为预报期年数，y_t 对应于预报期的实测值。

2.3　多组成模式加法模型的动态识别研究

本书的加法模型识别即为径流组成成分的识别。以溪洛渡水库为研究对象，以其代表站屏山站 1956—2010 年的径流资料为实例数据进行年径流加法模型的动态识别研究。首先进行动态径流数据构建和加法模型组成模式设计，然后进行多组成模式下的突变、趋势、周期等特性及组成成分识别，进而分析时间演进和不同组成模式对径流特性和组成成分的动态响应规律。

2.3.1　动态径流数据构建

将 1956—2010 年共 55 年的年径流数据分为初始训练期(1956—1985 年共 30 年)和预报期(1986—2010 年共 25 年),以年为时段,逐年滚动更新训练期样本,构造 26 个径流序列(样本数为 30～55)作为动态变化的径流数据。

2.3.2　加法模型组成模式设计

考虑突变和趋势成分的分离顺序,及突变、趋势分离的不同组合方式对周期成分的影响,设计各成分的识别方案(表 2-2)。识别方案包括突变成分识别方案 2 种、趋势成分识别方案 2 种及周期成分识别方案 5 种。进一步,根据表 2-2 中各成分的识别方案构建不同组成模式的加法模型(表 2-3),各组成模式均是依次提取并分离一类径流成分之后,再以其剩余序列进行下一类成分的识别。

表 2-2　　　　　　　　　　不同分离顺序的径流成分识别实验方案设计

成分类别	方案名称	分离顺序	输入时间序列
突变成分	Mutation	基于实测序列识别突变成分	$X(t)$
	T-Mutation	实测序列剔除趋势项后识别突变成分	$X(t)-T(t)$
趋势成分	Trend	基于实测序列识别趋势成分	$X(t)$
	M-Trend	实测序列剔除突变项后识别趋势成分	$X(t)-M(t)$
周期成分	Period	基于实测序列的距平序列识别周期成分	$X(t)$
	M-Period	实测序列剔除突变项后识别周期成分	$X(t)-M(t)$
	M-T-Period	实测序列依次剔除突变和趋势项后识别周期成分	$X(t)-M(t)-T(t)$
	T-Period	实测序列剔除趋势项后识别周期成分	$X(t)-T(t)$
	T-M-Period	实测序列依次剔除趋势和突变项后识别周期成分	$X(t)-T(t)-M(t)$

注:表中方案名称,Mutation、Trend、Period 分别代表突变、趋势和周期成分,对于多种类别成分先后分离情景,M 和 T 分别为突变和趋势成分的简化标记;输入时间序列中 $X(t)$、$T(t)$、$M(t)$ 分别代表实测、趋势和突变序列。

表 2-3 不同组成模式的加法模型方案设计

序号	模型名称	加法模型的组成模式	模型识别的确定性成分
1	M(mut_tre_period)	突变—趋势—周期—均值	$\tilde{D}(t)=M(t)+T(t)+P(t)+\mu$
2	M(tre_mut_period)	趋势—突变—周期—均值	$\tilde{D}(t)=T(t)+M(t)+P(t)+\mu$
3	M(mut_period)	突变—周期—均值	$\tilde{D}(t)=M(t)+P(t)+\mu$
4	M(tre_period)	趋势—周期—均值	$\tilde{D}(t)=T(t)+P(t)+\mu$
5	M(period)	周期—均值	$\tilde{D}(t)=P(t)+\mu$
6	M(mut_trend)	突变—趋势—均值	$\tilde{D}(t)=M(t)+T(t)+\mu$
7	M(tre_mutation)	趋势—突变—均值	$\tilde{D}(t)=T(t)+M(t)+\mu$
8	M(mutation)	突变—均值	$\tilde{D}(t)=M(t)+\mu$
9	M(trend)	趋势—均值	$\tilde{D}(t)=T(t)+\mu$
10	M(mean)	均值(多年平均值)	$\tilde{D}(t)=\mu$

注:模型名称 M 括号中的标记代表不同加法模型的组成,mutation、trend、period、mean 分别代表突变、趋势、周期和均值成分,mut、tre 为模型含多种成分时突变、趋势成分的简化标记。

2.3.3 径流突变成分分析

本节突变点诊断原则为:采用 Mann-Kendall 检验法、滑动 t 检验法、Pettitt 检验法、SNHT 检验法、Buishand 检验法(分别简称为 MK,MT,PT,SNHT,BU)等进行突变检验,选取显著性水平 $\alpha=0.05$,将超过 2 种方法识别为突变点的年份作为初步识别结果,进一步采用秩和检验法进行显著性检验,显著突变点诊断为"最终突变点"。

Mutation 方案(基于实测径流序列的突变识别)和 T-Mutation 方案(实测径流序列剔除趋势成分后序列的突变识别)的变化径流序列(样本数 30～55)突变点诊断结果分别如表 2-4 和表 2-5 所示。结果表明:①对比突变点初步识别结果和最终突变点可知,不同的检验方法会得到不同的突变诊断结果,同时通过多种方法检验的突变识别更为严格。②对比 Mutation 和 T-Mutation 两种方案可知,对于样本数为 30～43 的序列,2 种方案均无显著突变点;对于样本数为 44～51 的序列,2 种方案的突变点均为 1998 年;对于样本数为 52～55 的序列,Mutation 方案(实测序列)显著突变点为 1998 年,T-Mutation 方案(剔除趋势项的序列)无显著突变点。

表 2-4　　　　　　　　　Mutation 方案的变化时间序列突变点诊断结果

径流序列	样本数	突变点初步识别	秩和检验
1956—1985	30	1962(MK,MT)、1969(MK,MT,SNHT,BU)	
1956—1986	31	1962(MK,MT)、1969(MK,MT,SNHT,BU)、1985(MK,PT)	
1956—1987	32	1962(MK,MT)、1969(MK,MT,SNHT,BU)	
1956—1988	33	1962(MK,MT)、1969(MK,MT,SNHT,BU)	
1956—1989	34	1962(MK,MT)、1969(MK,MT,SNHT,BU)、1987(MK,PT)	
1956—1990	35	1969(MT,SNHT,BU)、1990(MK,PT)	
1956—1991	36	1991(MK,PT)	
1956—1992	37	1969(SNHT,BU)	
1956—1993	38	1969(SNHT,BU)	
1956—1994	39	1969(MK,BU)、1985(MK,MT)、1994(MK,SNHT)	
1956—1995	40	1969(MK,SNHT,BU)、1985(MK,MT)	
1956—1996	41	1969(MK,SNHT,BU)、1985(MK,MT)	
1956—1997	42	1969(MK,SNHT,BU)、1985(MK,MT)、1992(MK,MT)	
1956—1998	43	1992(MK,MT)、1998(MK,PT,SNHT)	
1956—1999	44	1998(MK,PT,SNHT,BU)	1998
1956—2000	45	1998(PT,SNHT,BU)	1998
1956—2001	46	1998(MK,PT,SNHT,BU)、1998(PT,SNHT,BU)	1998
1956—2002	47	1997(MK,MT)	1998
1956—2003	48	1997(MK,MT)、1998(MT,PT,SNHT,BU)	1998
1956—2004	49	1997(MK,MT)、1998(MT,PT,SNHT,BU)	1998
1956—2005	50	1997(MK,MT)、1998(MT,PT,SNHT,BU)	1998
1956—2006	51	1998(MT,PT,SNHT,BU)	1998
1956—2007	52	1998(MT,PT,SNHT,BU)	1998
1956—2008	53	1998(MT,PT,SNHT,BU)	1998
1956—2009	54	1998(MT,PT,SNHT,BU)	1998
1956—2010	55	1998(MT,PT,SNHT,BU)	1998

表 2-5　　　　　　　　　T-Mutation 方案的变化时间序列突变点诊断结果

径流序列	样本数	突变点初步识别	秩和检验
1956—1985	30	1962(MK,MT,SNHT,BU)、1969(MK,MT)、1985(MK,PT)	
1956—1986	31	1962(MK,MT,SNHT,BU)、1969(MK,MT)、1985(MK,PT)	
1956—1987	32	1969(MT,BU)、1987(MK,PT)	

径流序列	样本数	突变点初步识别	秩和检验
1956—1988	33	1962(MK,MT,SNHT)、1969(MK,MT,BU)	
1956—1989	34	1969(MT,SNHT,BU)、1987(MK,PT)	
1956—1990	35	1969(MT,SNHT,BU)、1990(MK,PT)	
1956—1991	36	1991(MK,PT)	
1956—1992	37		
1956—1993	38	1969(SNHT,BU)	
1956—1994	39	1969(MK,BU)、1985(MK,MT)	
1956—1995	40	1969(MK,BU)、1985(MK,MT)	
1956—1996	41	1969(MK,BU)	
1956—1997	42	1969(MK,BU)、1985(MK,MT)1992(MK,MT)	
1956—1998	43	1992(MK,MT)、1998(MK,PT,SNHT,BU)	
1956—1999	44	1998(MK,PT,SNHT,BU)	1998
1956—2000	45	1967(MK,MT)、1998(MK,PT,SNHT,BU)	1998
1956—2001	46	1967(MK,MT)、1998(PT,SNHT,BU)	1998
1956—2002	47	1967(MK,MT)、1998(MK,PT,SNHT,BU)	1998
1956—2003	48	1967(MK,MT)、1998(MK,MT,PT,SNHT,BU)	1998
1956—2004	49	1967(MK,MT)、1998(MK,MT,PT,SNHT,BU)	1998
1956—2005	50	1967(MK,MT)、1998(MK,MT,PT,SNHT,BU)	1998
1956—2006	51	1967(MK,MT)、1997(MK,MT)、1998(MT,PT,SNHT,BU)	1998
1956—2007	52	1967(MK,MT)、1998(MT,PT,BU)、2006(MK,SNHT)	
1956—2008	53	1967(MK,MT)、1997(MK,MT)、1998(MT,PT,SNHT,BU)	
1956—2009	54	1967(MK,MT)、1998(MT,PT,SNHT,BU)	
1956—2010	55	1967(MK,MT)、1998(MT,PT,SNHT,BU)	

由表 2-4 和表 2-5 中通过秩和检验的最终突变诊断结果可知,在径流序列样本数为 44～55(对应径流序列结束年份为 1999—2010 年,共 12 个变化序列)时,Mutation 和 T-Mutation 两种方案均在 1998 年发生突变,给出结束年份为 1999—2010 年变化序列的突变成分对比如图 2-3 所示。在图 2-3 中,横坐标"1998—1999"代表结束年份为 1999 年时突变年份 1998 年至结束年份的序列,纵坐标代表不同结束年份序列的突变成分,即 1998 年以后的序列均值相较于 1998 年前序列均值的变化量;图中的表格为两种方案下 12 个变化序列突变量的统计参数。结果显示:突变量均为正值即存在上升突变,即突变年份以后的平均径流大于突变前;随着样本数的增加,两种方案

的突变量均递减;实测序列的突变量大于剔除趋势成分后的突变量,表明剔除趋势成分削弱了实测序列的上升突变量。

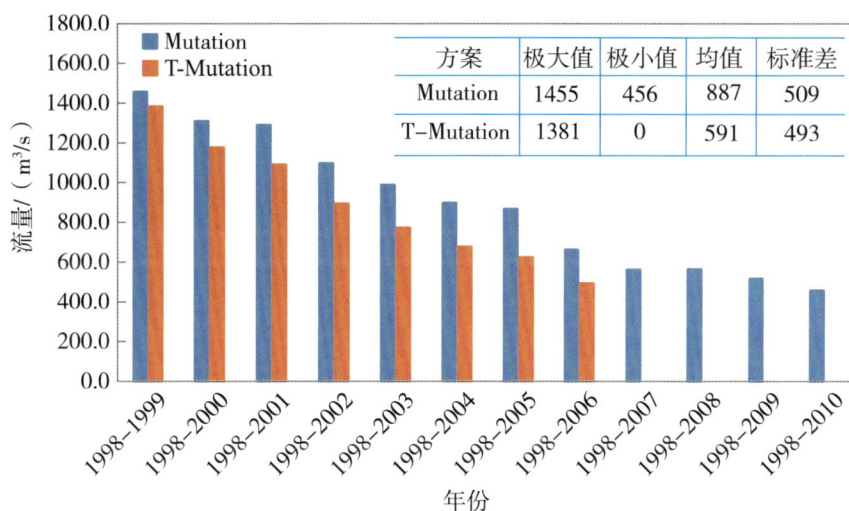

图 2-3　Mutation 方案和 T-Mutation 方案的变化径流序列突变成分对比

对比已有金沙江流域径流变化特性分析相关文献[44,157],研究结论显示,金沙江下游向家坝或屏山站在 1997 年左右发生显著突变,本书 1998 年为突变年份的结论与之基本一致。调研分析突变产生的原因,可能包括金沙江上游最大支流二滩水电站 1998 年投入运行及长江流域 1998 年发生特大洪水等人类活动和气候变化因素[44]。

2.3.4　径流趋势成分分析

采用线性回归检验和 Sen's 斜率估计法识别趋势变化的斜率,采用 MK 法进行趋势显著性检验,MK 法趋势检验取显著性水平 $\alpha=0.05$,$Z_{1-\alpha/2}=1.96$,即 MK 统计值 Z 的绝对值大于等于 1.96 时,表示对应的径流序列变化趋势通过了置信水平为 95% 的显著性检验。

Trend 方案(基于实测径流序列的趋势识别)和 M-Trend 方案(实测序列剔除突变成分后序列的趋势识别)的变化径流序列趋势检验结果如表 2-6 和图 2-4 所示。其中,图 2-4(a)对应于表 2-5 中线性回归斜率和 Sen's 斜率估计结果随径流序列样本数的变化,图 2-4(b)为 MK 检验的统计量 Z 值随样本数的变化,图 2-4(c)和图 2-4(d)分别为 Trend 方案和 M-Trend 方案所识别的变化径流序列的趋势成分。

表 2-6　　　　　　　　**Trend 和 M-Trend 两种方案的变化时间序列趋势检验结果**

径流序列 训练期	样本数	Trend 方案				M-Trend 方案			
		线性回归斜率	Sen's 斜率估计	MK 检验		线性回归斜率	Sen's 斜率估计	MK 检验	
				Z 值	显著性			Z 值	显著性
1956—1985	30	−12.35	−7.72	−0.50	↓不显著	−12.35	−7.72	−0.50	↓不显著
1956—1986	31	−12.26	−6.67	−0.41	↓不显著	−12.26	−6.67	−0.41	↓不显著
1956—1987	32	−7.41	−1.72	−0.08	↓不显著	−7.41	−1.72	−0.08	↓不显著
1956—1988	33	−8.23	−1.28	−0.11	↓不显著	−8.23	−1.28	−0.11	↓不显著
1956—1989	34	−5.18	0.87	0.12	↑不显著	−5.18	0.87	0.12	↑不显著
1956—1990	35	−1.00	3.93	0.48	↑不显著	−1.00	3.93	0.48	↑不显著
1956—1991	36	2.54	6.48	0.83	↑不显著	2.54	6.48	0.83	↑不显著
1956—1992	37	−1.76	2.19	0.33	↑不显著	−1.76	2.19	0.33	↑不显著
1956—1993	38	−0.63	3.93	0.45	↑不显著	−0.63	3.93	0.45	↑不显著
1956—1994	39	−4.80	−0.36	0.00	不显著	−4.80	−0.36	0.00	不显著
1956—1995	40	−5.43	−0.41	−0.04	↓不显著	−5.43	−0.41	−0.04	↓不显著
1956—1996	41	−5.94	−0.41	−0.03	↓不显著	−5.94	−0.41	−0.03	↓不显著
1956—1997	42	−5.98	0.04	0.00	↓不显著	−5.98	0.04	0.00	不显著
1956—1998	43	0.10	2.48	0.44	↑不显著	0.10	2.48	0.44	↑不显著
1956—1999	44	3.36	4.73	0.78	↑不显著	−5.25	0.08	0.03	↑不显著
1956—2000	45	5.88	7.32	1.09	↑不显著	−4.97	0.53	0.11	↑不显著
1956—2001	46	8.68	11.22	1.40	↑不显著	−4.66	1.02	0.19	↑不显著
1956—2002	47	8.71	11.76	1.47	↑不显著	−4.60	0.35	0.07	↑不显著
1956—2003	48	8.98	12.29	1.56	↑不显著	−4.49	−0.09	−0.03	不显著
1956—2004	49	9.02	12.37	1.61	↑不显著	−4.42	0.04	0.01	↑不显著
1956—2005	50	9.71	13.76	1.76	↑不显著	−4.24	0.21	0.08	↑不显著
1956—2006	51	6.63	9.70	1.32	↑不显著	−4.66	0.37	0.10	↑不显著
1956—2007	52	5.26	7.68	1.13	↑不显著	−4.78	0.39	0.10	↑不显著
1956—2008	53	5.98	8.53	1.28	↑不显著	−4.50	0.83	0.15	↑不显著
1956—2009	54	5.39	7.90	1.24	↑不显著	−4.50	0.40	0.09	↑不显著
1956—2010	55	4.39	6.86	1.10	↑不显著	−4.59	−0.94	−0.12	不显著

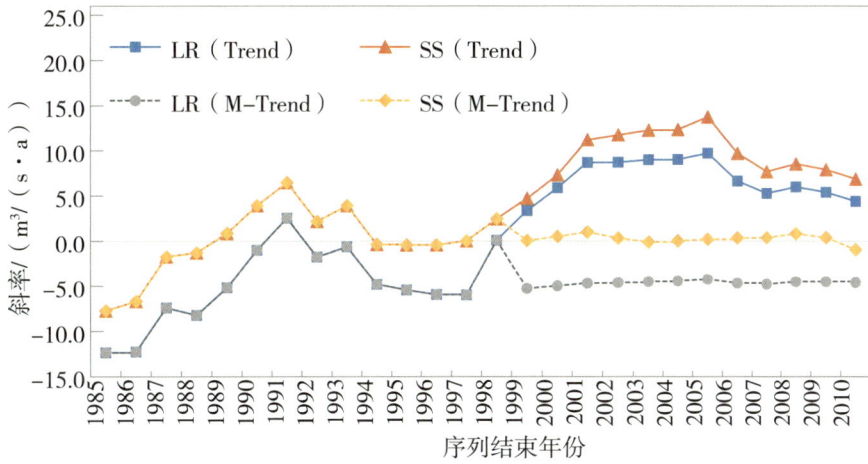

（a）趋势变化斜率

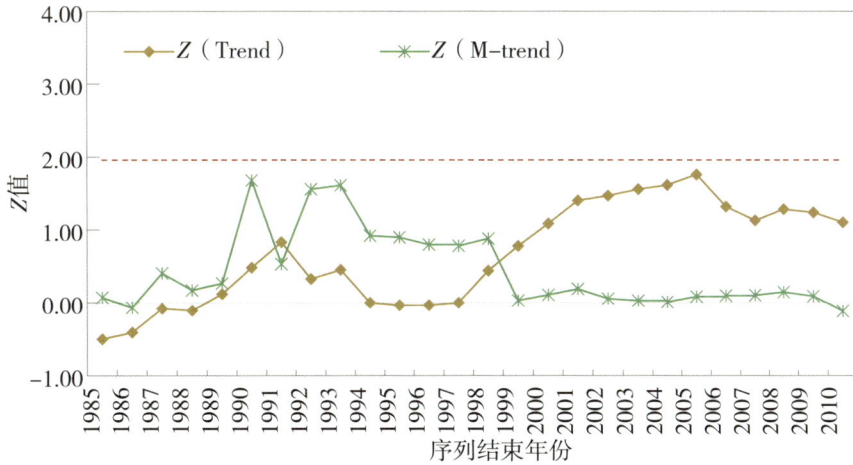

（b）MK 显著性检验

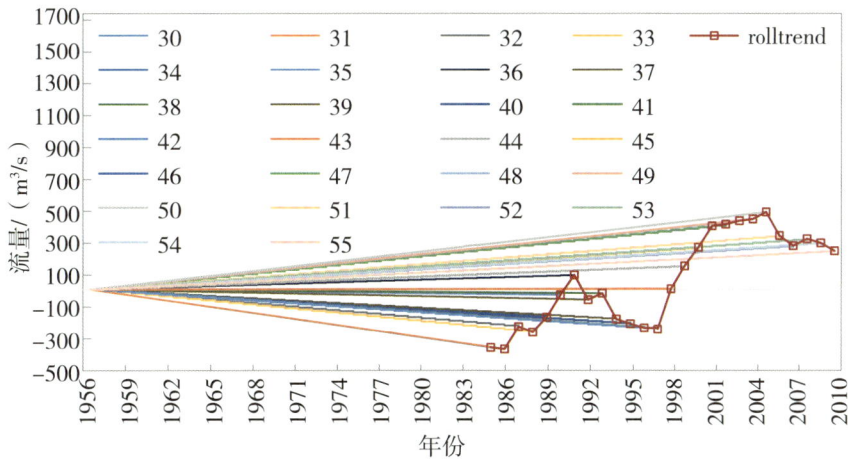

（c）Trend 趋势成分

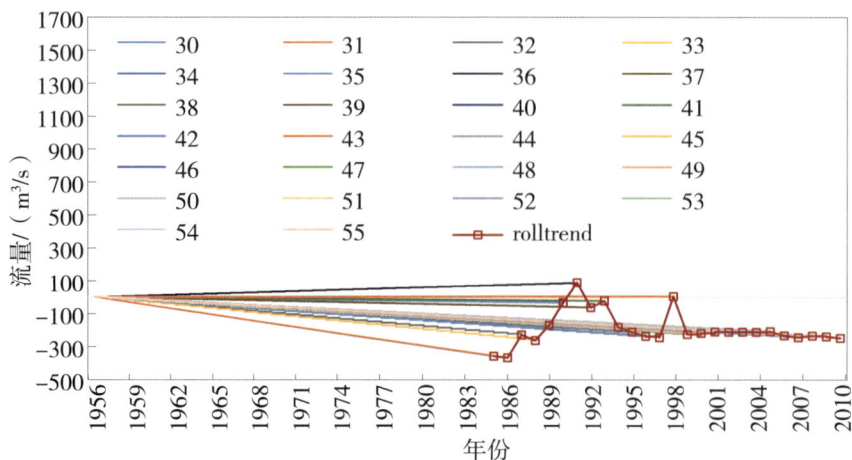

(d)M-Trend 趋势成分

图 2-4   样本数为 30～55 的变化径流序列趋势成分识别结果

注:样本数为 30～55 的变化径流序列趋势成分识别结果图 2-4(a)中 LR 和 SS 分别代表线性回归、Sen's 斜率估计的斜率,图 2-4(c)和图 2-4(d)中图例的数字 30～55 代表相应样本数径流序列的趋势成分,rolltrend 为趋势成分的结束年份样本组成的序列,反映趋势成分随变化时间的波动程度。

表 2-6 和图 2-4(a)和图 2-4(b)趋势性检验结果可知:变化径流序列在结束年份为 1985—2010 年变化时,Trend 和 M-Trend 两种方案均存在不显著性上升或下降趋势;Trend 方案(实测序列)的线性回归和 Sen's 斜率分别在−12.35～9.71 和 7.72～13.76 之间变化,在 1989—1990 年、1992—1994 年和 1998 年附近存在 3 个趋势转折点,分别为下降转上升、上升转下降或持平、持平转上升;M-Trend 方案(剔除突变成分后的序列)线性回归和 Sen's 斜率在 1998 年以后较 Trend 方案减小,最大值分别为 2.54 和 6.48。

图 2-4(c)和图 2-4(d)直观反映了 Trend 和 M-Trend 两种方案的变化径流序列的趋势成分随时间的动态变化。可以看出:剔除突变成分的序列,其趋势成分在突变点(1998 年)以后趋于平缓,突变成分剔除后对趋势性的影响较为明显。

为量化突变成分分离对趋势性的影响,以标准差和极差为斜率的变异度评价指标,给出了 4 组不同预报期(25 年、20 年、15 年、10 年,对应的初始训练期分别为 30 年、35 年、40 年、45 年)变化径流序列趋势斜率的变异度,如表 2-7 所示。结果显示,在 4 组预报期的变异度统计结果中,先剔除突变成分序列的线性回归(LR)和 Sen's 斜率估计(SS)两种斜率的变异度均小于实测序列的趋势斜率变异度。

表 2-7　　不同预报期 Trend 和 M-Trend 方案变化径流序列趋势斜率的变异度对比

预报期	斜率类型	Trend 斜率变异度		M-Trend 斜率变异度	
		标准差	极差	标准差	极差
1985—2010	LR	6.9	22.1	3.2	14.9
	SS	5.8	21.5	2.8	14.2
1990—2010	LR	5.4	15.7	2.2	8.5
	SS	4.6	14.2	1.8	7.4
1995—2010	LR	5.5	15.7	1.3	6.1
	SS	4.7	14.2	0.8	3.4
2000—2010	LR	1.9	5.3	0.2	0.7
	SS	2.4	6.9	0.5	2.0

2.3.5　径流周期成分分析

对表 2-2 中 5 种周期成分识别方案(Period、M-Period、M-T-Period、T-Period、T-M-Period)对应的输入时间序列进行距平序列的 ADF 平稳性检验,检验结果如图 2-5 所示,图中 X、X-M、X-M-T、X-T、X-T-M 分别代表 5 种输入序列,X 标记实测径流,-M,-T 分别标记剔除突变和趋势成分。图 2-5 结果显示,随着结束年份变化(样本数 30～55),5 种输入径流的距平序列均为平稳,满足本书基于傅里叶展开的周期识别方法运用条件;进一步比较平稳性程度,可知 1998 年以前(样本数 30～43),5 种输入序列的平稳程度接近;1998 年以后(样本数 44～55)平稳程度为 X-M-T、X-M、X-T-M 接近,大于 X(实测序列)和 X-T(实测序列剔除趋势成分)。

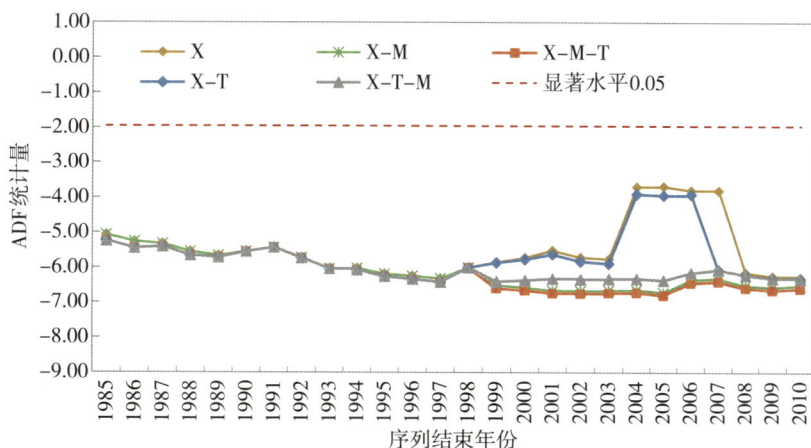

图 2-5　周期识别方案 5 种输入时间序列的距平序列平稳性检验结果

采用周期图法和累计解释方差图识别 5 种方案下变化径流序列(样本数 30~55)的主周期。以样本数为 55 的 Period 方案(实测径流序列)为例,给出两种周期识别方法的结果,如图 2-6 所示。由图 2-6(a)可知,在 $\alpha=0.05$ 和 $\alpha=0.1$ 的显著性水平下,主周期的个数分别为 1 和 2;图 2-6(b)显示,累计解释方差变化的转折点为 $m=2\sim3$。因此,综合考虑两种方法的结果,本书以 $\alpha=0.1$ 的显著周期为识别结果,即主周期为 2。

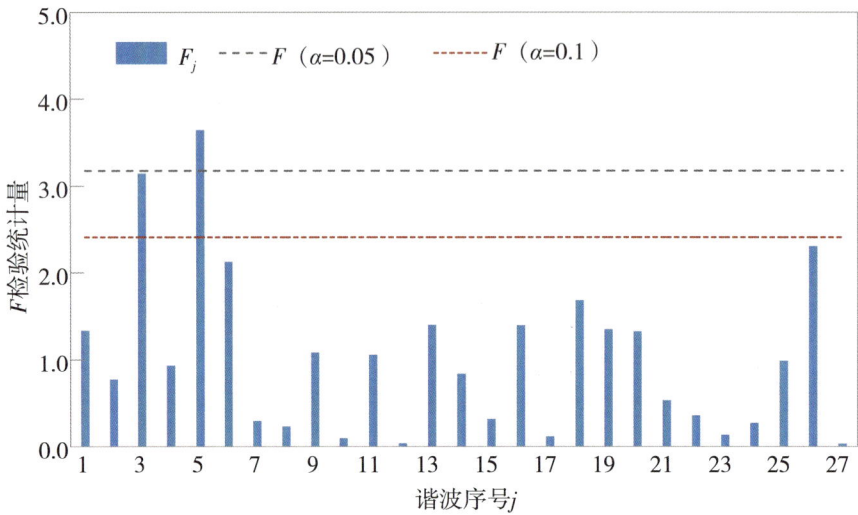

(a)周期图法

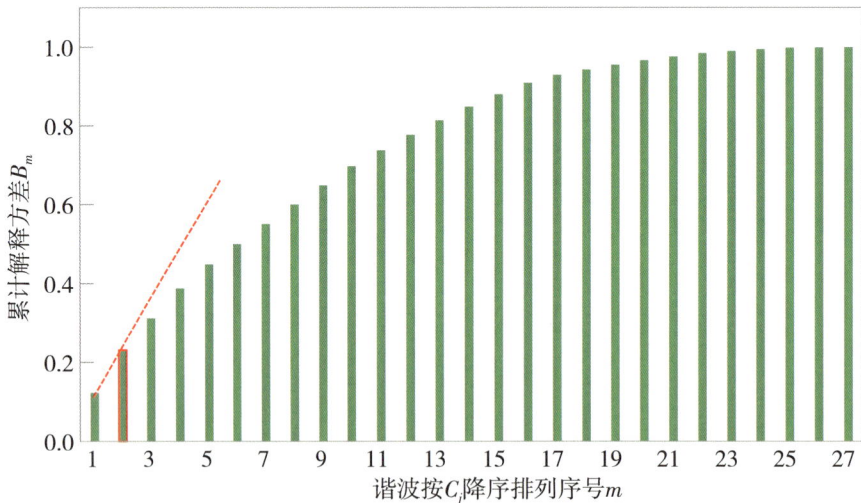

(b)累计解释方差图法

图 2-6 样本数为 55 的 Period 方案(实测径流序列)周期性识别结果

按照上述方法,进行 5 种方案的变化径流序列周期性识别,结果如图 2-7 所示。其中,图 2-7(a)Period 为基于实测序列的距平序列识别周期成分,图 2-7(b)M-Period 为实测序列剔除突变项后识别周期成分,图 2-7(c)M-T-Period 为实测序列依次剔除突变和趋势项后识别周期成分,图 2-7(d)T-Period 为实测序列剔除趋势项后的识别周期成分,图 2-7(e)T-M-Period 为实测序列依次剔除趋势和突变项后识别周期成分,图 2-7(f)为 5 种方案的第一主周期的对比。从以下两个方面对图 2-7 的结果进行分析:

(1)对比周期性随时间的演化规律

不同样本数的径流序列主周期差异较大,实测径流序列(Period 方案),在样本数 $N=42$ 以前,最大主周期为 12.1,在 $N=42 \sim 43$ 时,最大主周期为 21,在 $N=43$ 以后,最大周期为 18。总体上,除 M-Period 和 M-T-Period 外,其他 3 种方案均呈现出在突变年份以后主周期个数增加,周期长度增大的趋势。

(2)对比 5 种识别方案

由于 $N=43$ 以前未有显著突变点,周期性虽受趋势项的影响,但影响相对较小,仅 $N=34$ 和 41 的去趋势项序列(M-T-Period、T-Period、T-M-Period)第一主周期较大;$N=43$ 以后,周期性主要受突变成分的影响,$N=44$ 和 $50 \sim 55$ 差异明显,在 $50 \sim 55$ M-Period 和 M-T-Period 方案通过剔除突变成分,减弱了周期年数为 $12 \sim 14$ 和 $16 \sim 20$ 的周期性。

总体而言,径流序列的周期性随时间演进存在明显的波动,主周期个数随样本数增加呈现增大趋势,第 1 主周期在突变点 1998 年附近最大;周期性受趋势项的影响较小,受突变项的影响更为明显,剔除突变成分在一定程度上减弱了周期性波动。

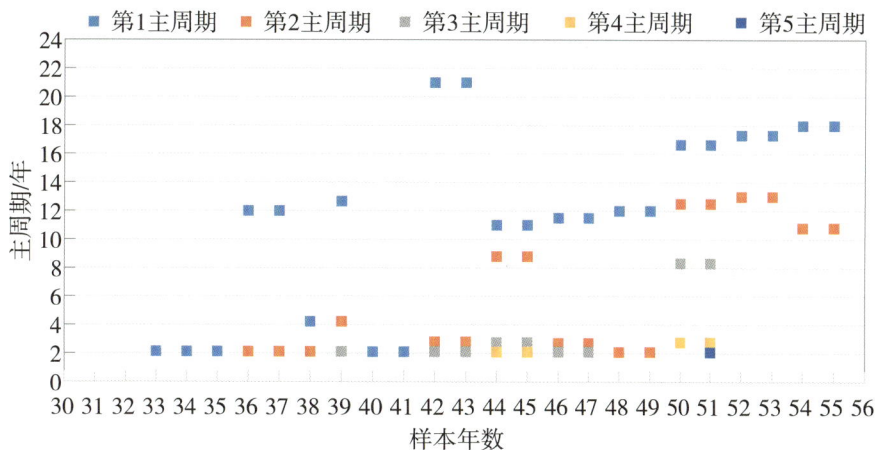

(a)Period

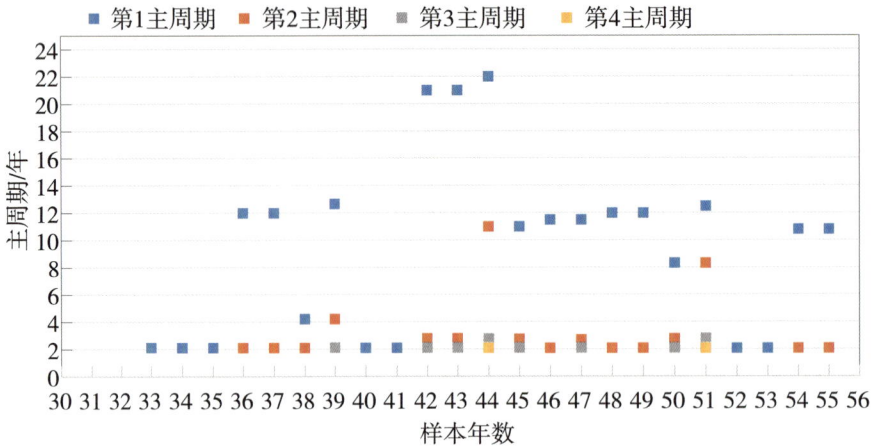

（b）M-Period

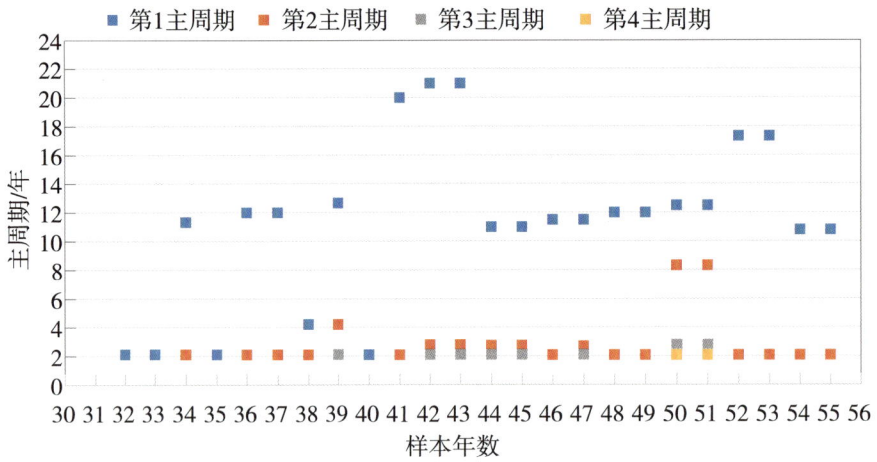

（c）M-T-Period

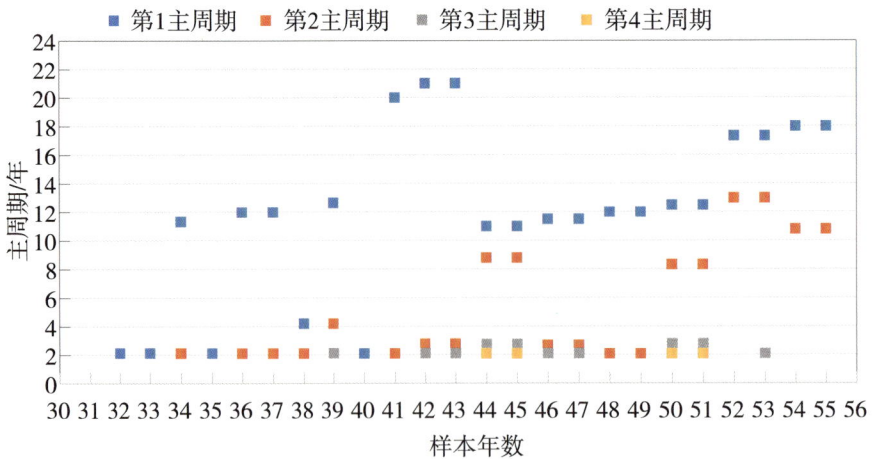

（d）T-Period

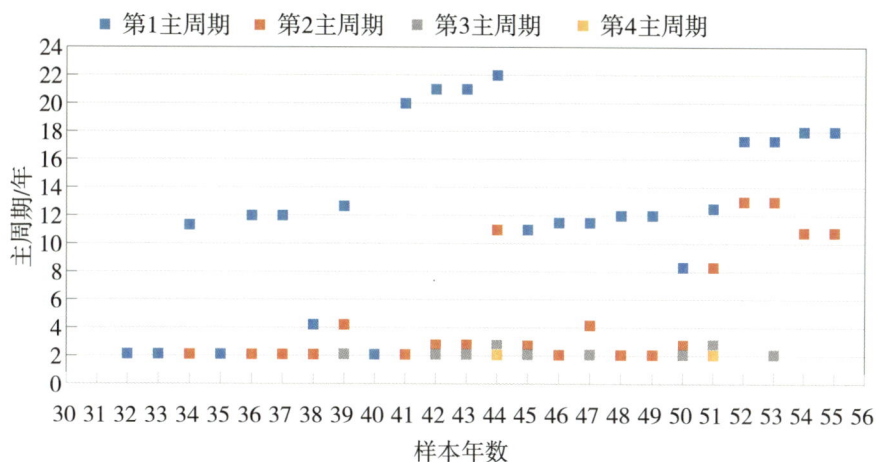

（e）T-M-Period

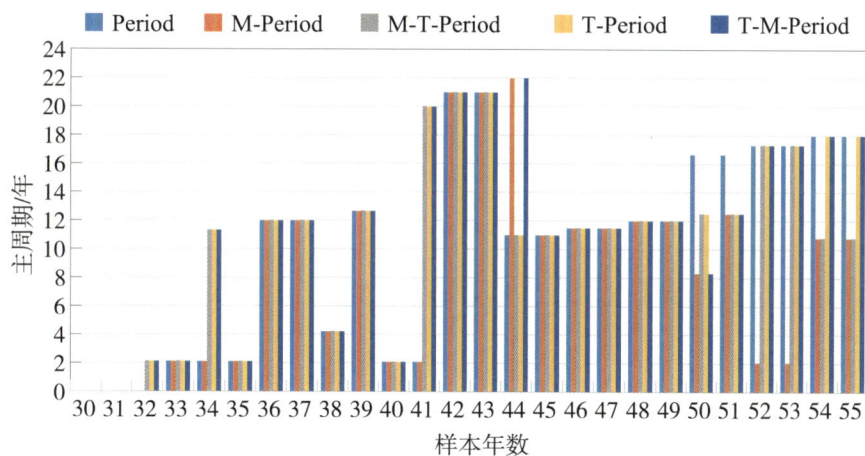

（f）第 1 主周期

图 2-7　5 种不同识别方案的变化径流序列（样本数 30～55）主周期识别结果对比

2.3.6　不同模型对随机性成分的影响分析

在 2.3.3～2.3.5 节多种方案的突变、趋势、周期成分识别结果的基础上，按照表 2-3 中 10 种不同组成模式加法模型进行确定性成分的识别和分离，对比分析不同模型对径流剩余随机成分的影响。

首先以组成模式为突变—趋势—周期—均值的加法模型 M（mut_tre_period）为例，比较剩余序列和实测序列的随机特征随时间的演化规律。以 1985—2010 年为结束年份（预报期）的变化实测径流序列和剩余序列特征值如表 2-8 所示，变化序列的平均值、标准差和 ADF 检验[158]结果如图 2-8 所示。从表 2-8、图 2-8（a）和 2-8（b）可以看出，随着时间演进，实测序列均值总体呈上升趋势，在 1991 年、1997 年、2005 年为极值点,剩余序列的均值为0;实测径流标准差呈一定的上升趋势,即序列随时间的波动程度增大,剩余序列的标准差比实测序列明显减小,但是随时间的波动更大。图 2-8(c)和图 2-8(d)中的 ADF 检验结果表明,在 0.05 的显著水平下,变化样本的实测序列均为非平稳,剩余序列均为平稳序列。

总体而言,分离了突变、趋势、周期等确定性成分的剩余序列相较于实测序列的平均值随时间的演进变化更为平稳,但是剩余序列的波动特征(标准差统计值)随时间演进的动态变化更为显著,即波动特征的波动性变大。

表 2-8　　　　　　　　预报期为 1985—2010 年的变化径流序列特征值

径流序列	样本年数	实测序列		剩余序列	径流序列	样本年数	实测序列		剩余序列
		平均值	标准差	标准差			平均值	标准差	标准差
1956—1985	30	4416	681	672	1956—1998	43	4458	702	607
1956—1986	31	4411	670	661	1956—1999	44	4483	713	484
1956—1987	32	4431	670	613	1956—2000	45	4504	718	475
1956—1988	33	4423	661	604	1956—2001	46	4529	730	525
1956—1989	34	4437	656	538	1956—2002	47	4533	723	479
1956—1990	35	4459	660	617	1956—2003	48	4540	717	539
1956—1991	36	4480	663	550	1956—2004	49	4544	710	534
1956—1992	37	4454	672	549	1956—2005	50	4555	707	456
1956—1993	38	4461	664	550	1956—2006	51	4533	717	499
1956—1994	39	4433	678	501	1956—2007	52	4524	712	604
1956—1995	40	4426	671	596	1956—2008	53	4533	709	601
1956—1996	41	4420	664	549	1956—2009	54	4531	702	589
1956—1997	42	4417	656	481	1956—2010	55	4524	698	599

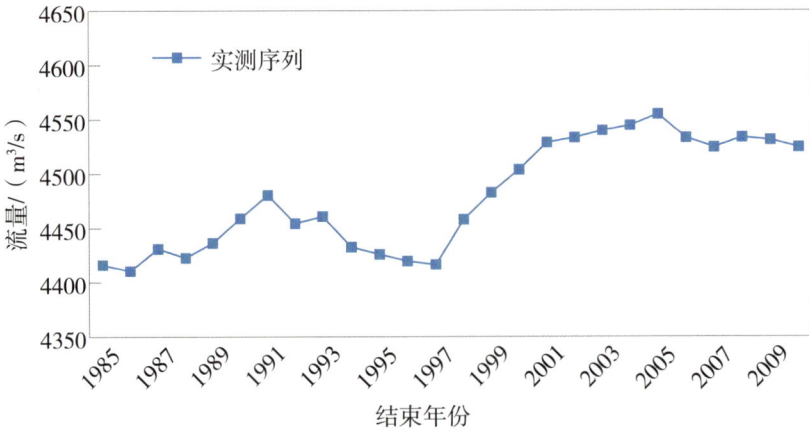

(a)径流序列平均值

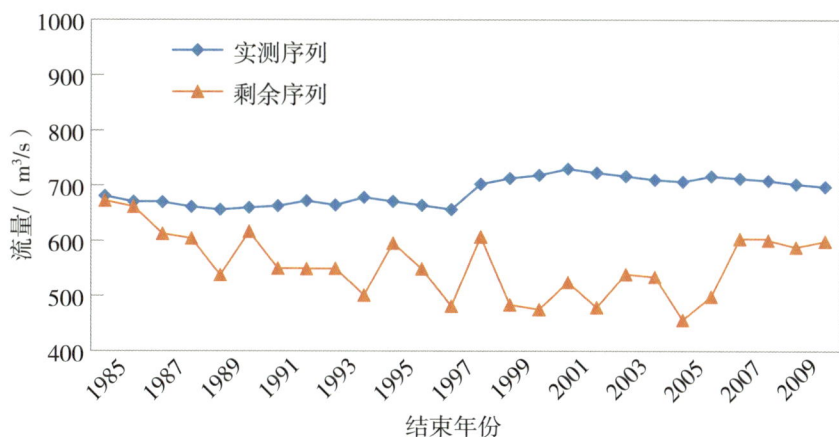

（b）径流序列标准差

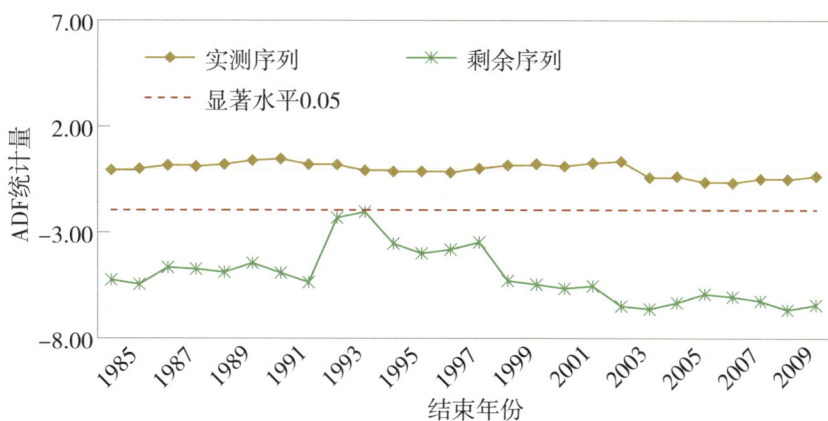

（c）ADF 检验统计量

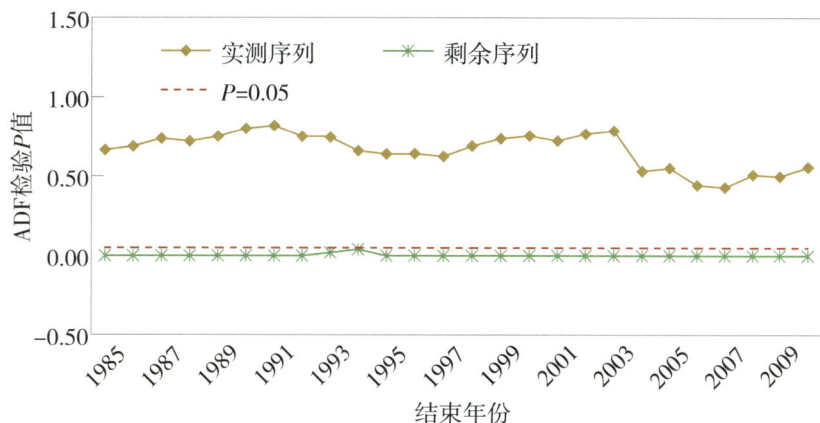

（d）ADF 检验 P 值

图 2-8 径流统计特征值随序列结束年份（样本年数）的变化过程

下面进一步比较 10 种不同加法模型对剩余随机径流序列统计特征的影响。由于剩余序列为中心化序列,即均值为 0,因此仅对变化剩余序列的标准差统计值进行变异度分析,以标准差和极差作为变异度指标,给出表 2-3 中 10 种加法模型方案的 26 组剩余序列标准差的变异度指标如表 2-9 所示。标准差和极差两类变异度指标均显示:分离周期成分的剩余序列标准差变异度大于未分离周期项的序列;未分离周期成分的方案中,剔除了突变成分的剩余序列标准差的波动小于未剔除突变的序列。可见,周期成分的识别,增加了剩余序列波动性(标准差特征值)随时间演进的动态变异程度;突变成分的识别,减小了剩余序列波动性随时间演进的动态变异程度。剩余序列标准差特征的变异程度反映了模型对历史序列模拟能力的稳定性,下一节将专门进行加法预报模型研究,对模型的模拟和预报性能作进一步讨论。

表 2-9　　　　结束年份为 1985—2010 年的剩余序列标准差特征值的变异度指标

模型名称	标准差指标	极差指标	模型名称	标准差指标	极差指标
M(mut_tre_period)	59.04	59.04	M(mut_trend)	17.25	17.25
M(tre_mut_period)	54.96	54.96	M(tre_mutation)	17.89	17.89
M(mut_period)	64.57	64.57	M(mutation)	17.15	17.15
M(tre_period)	55.85	55.85	M(trend)	22.76	22.76
M(period)	62.76	62.76	M(mean)	24.59	24.59

注:模型名称 M 括号中的标记代表不同加法模型的组成,mutation、trend、period、mean 分别代表突变、趋势、周期和均值成分,mut、tre 为模型含多种成分时突变、趋势成分的简化标记。

2.4　基于多组成模式加法模型的自适应预报

2.4.1　研究数据和实验设计

在 2.3 节加法模型识别研究的基础上,以样本数为 35～54 年(起始年份为 1956 年、结束年份为 1985—2009 年)的径流序列为变化训练期,构建 25 个预报年(1986—2010 年)的单步加法预报模型,进行年径流自适应滚动预报,对比研究表 2-3 中的 10 种不同组成模式加法模型对年径流历史模拟和预报效果的影响。

本节突变、趋势、周期成分识别方法及参数设置与 2.3 节相同,突变检验和趋势检验显著性水平为 $\alpha = 0.05$,周期检验的显著性水平为 $\alpha = 0.1$。

除不同组成模式以外,本节设计"严格"和"宽松"两种突变诊断准则,分析其对模型预报效果的影响,诊断准则设计为:①严格准则,记为 mut,按照 2.3 节中将超过 2 种方法识别为突变点的年份作为初步识别结果,进一步采用秩和检验法进行显著性检验,显著突变点诊断为最终突变点;②宽松准则,记为 mut2,直接将超过 2 种方法识别为突变点的年份作为最终诊断结果。两种准则代表不同的"突变成分提取的充分程度",准则①提取更为显著的突变;准则②对径流序列突变成提取相对充分。

下面将在 2.4.2 节对 10 种组成模式加法模型进行对比研究,突变诊断为准则①;将在 2.4.3 节中选择代表性的加法模型,进行两种突变诊断准则的比较。

2.4.2　不同组成模式的加法预报模型对比分析

运用 10 种不同组成模式的加法模型进行预报期年径流的单步滚动预报,采用 MAE(m^3/s)、RMSE(m^3/s)、MAPE(%)、SDPE(%)等误差指标对变化训练期的单次模拟精度和预报期精度进行评价,误差指标值越大,反映的是精度越低,即模拟或预报效果越差。本节实验结果图表中的模型名称按照 2.3.2 节表 2-3 的定义,M 括号中的标记代表不同组成模式:mutation、trend、period、mean 分别代表突变、趋势、周期和均值成分,mut、tre 为模型含多种成分时突变、趋势成分的简化标记。

首先给出变化训练期的 4 个模拟精度指标 MAE、RMSE、MAPE、SDPE 随训练期结束年份(1985—2009 年)的变化过程如图 2-9 所示,计算 25 组训练期精度指标的平均值(评价综合模拟精度)、标准差(评价模型稳定性),如表 2-10 所示。

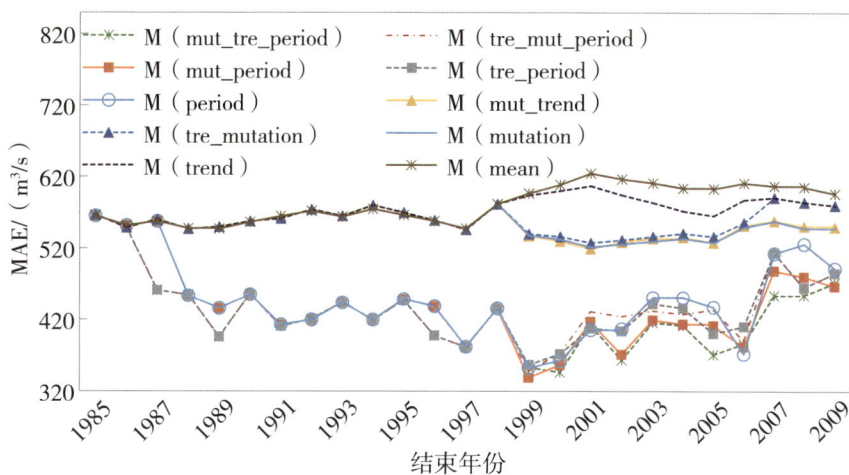

(a)MAE

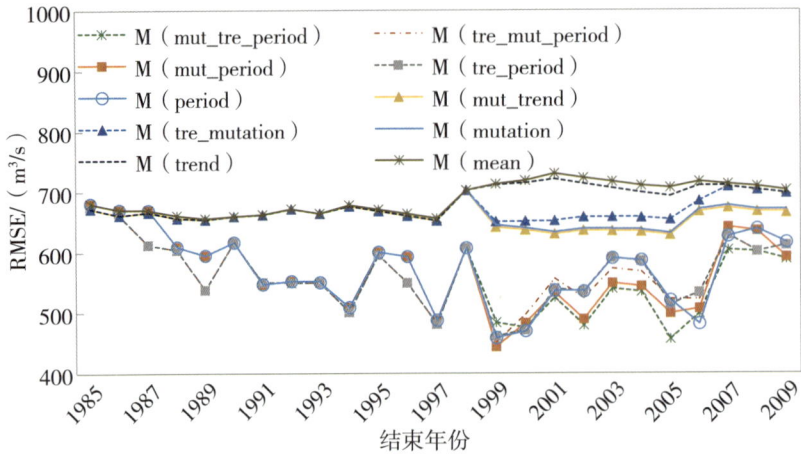

（b）RMSE

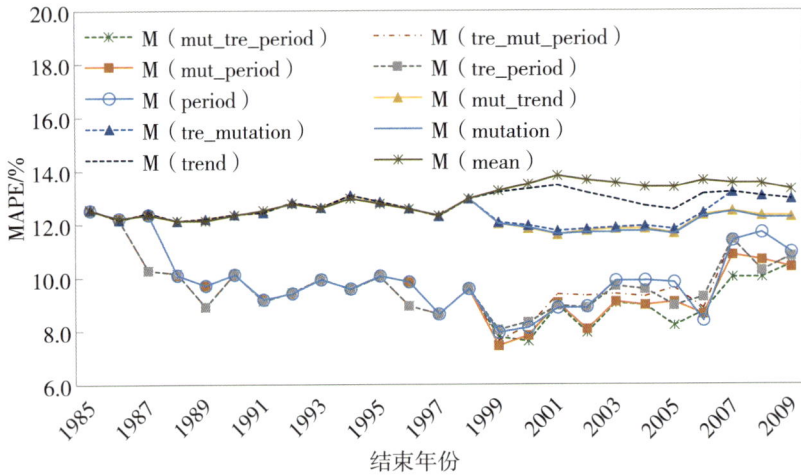

（c）MAPE

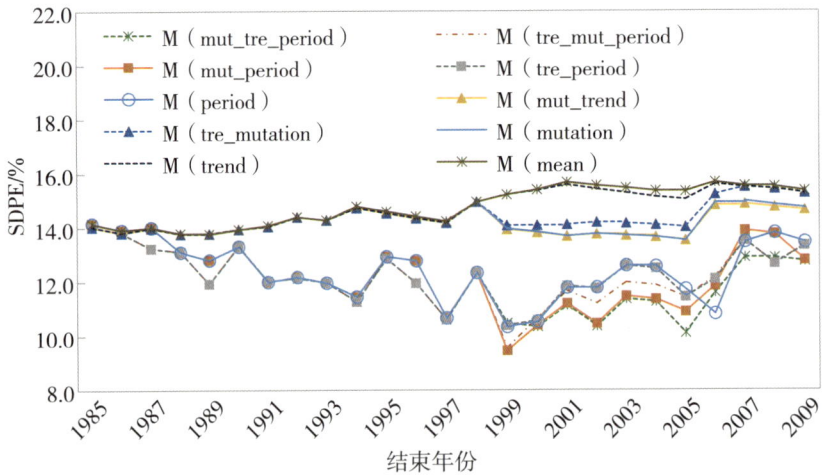

（d）SDPE

图 2-9　不同组成模式加法模型的模拟精度指标随训练期变化过程

表 2-10　变化训练期(样本数 30～54)加法模型模拟精度指标的平均值和标准差统计

模型名称	模拟精度的均值				模拟精度的标准差			
	MAE /(m³/s)	RMSE /(m³/s)	MAPE /%	SDPE /%	MAE /(m³/s)	RMSE /(m³/s)	MAPE /%	SDPE /%
M(mut_tre_period)	430	557	9.54	12.03	53	59	1.19	1.12
M(tre_mut_period)	441	567	9.78	12.23	51	55	1.12	1.07
M(mut_period)	440	569	9.77	12.24	57	65	1.28	1.27
M(tre_period)	439	568	9.79	12.33	51	56	1.10	0.98
M(period)	449	575	10.00	12.46	58	63	1.26	1.11
M(mut_trend)	552	658	12.30	14.18	16	17	0.39	0.44
M(tre_mutation)	558	669	12.43	14.39	18	18	0.44	0.54
M(mutation)	551	661	12.27	14.22	16	17	0.39	0.47
M(trend)	573	684	12.76	14.72	17	23	0.38	0.65
M(mean)	582	689	12.95	14.79	25	25	0.54	0.68

分析图 2-9 和表 2-10 的模拟精度结果可知：①从模拟精度大小看,不同模型的模拟精度指标存在差异,总体拟合效果为含周期成分(per,period)的模型,优于仅含趋势项(tre,trend)或突变项(mut,mutation)的模型,优于多年平均值(mean)模型;在组成成分相同时,通过比较不同成分识别顺序可以看出先提取突变成分的模拟效果比先提取趋势成分更优。②从模拟精度标准差看,不同模型的 4 个精度指标均随时间演进呈现不同程度的波动,包含周期项(per,period)的模型模拟精度随变化时间的波动相对更大。③比较不同模型的模拟精度平均值和标准差之间的关系可知,平均模拟精度越高的模型,精度标准差相对越大,即模型随时间滚动变化的稳定性越低。因此,若目标是为历史序列拟合更充分,则选择含周期项的模型,尤其是依次识别突变—趋势—周期项的模型平均模拟精度最高;若目标是随时间(样本数)变化更稳定的模型,不含周期项、仅识别突变和(或)趋势的模型更加优越。

下面分析模型的预报效果,给出 1986—2010 年共 25 年的单步滚动预报的误差和相对误差随时间的变化过程(图 2-10),误差指标为预报值与实测值的差值,差值占实测值的百分比称为相对误差。由图 2-10 的结果可知,对比不同预报年份,10 组加法模型的预报结果均显示 1998 年和 2006 年预报误差和相对误差较其他年份偏大,表 2-4 Mutation 方案(实测序列)和表 2-5 T-Mutation 方案(剔除趋势成分的剩余序列)的突变诊断结果均显示 1998 年为显著突变年份,2006 年也诊断为具有一定突变程度的年份(Mutation、T-Mutation 方案分别有 1 种和 2 种方法检验为突变),可能从一定程度导致了预报误差偏大;从不同模型的预报效果看,不同模型的预报差异较大的年份为 2000—2008 年,其他年份差异相对较小。

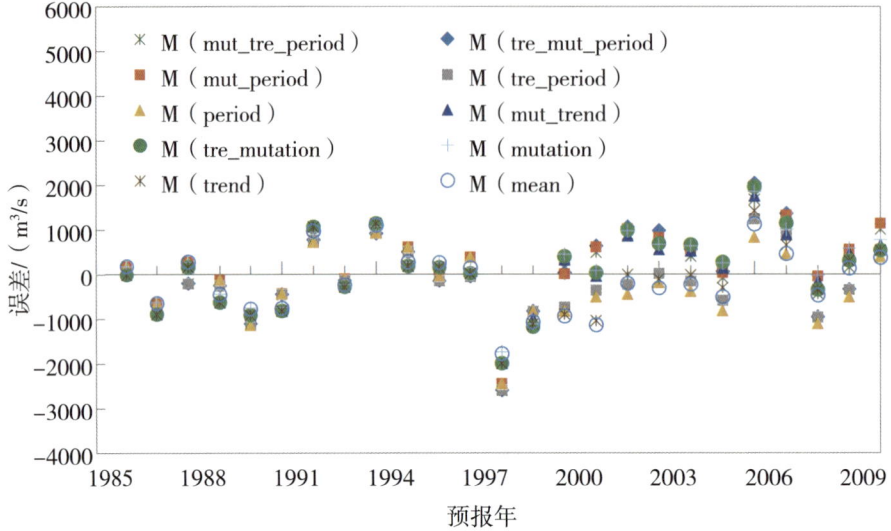

(a)预报误差

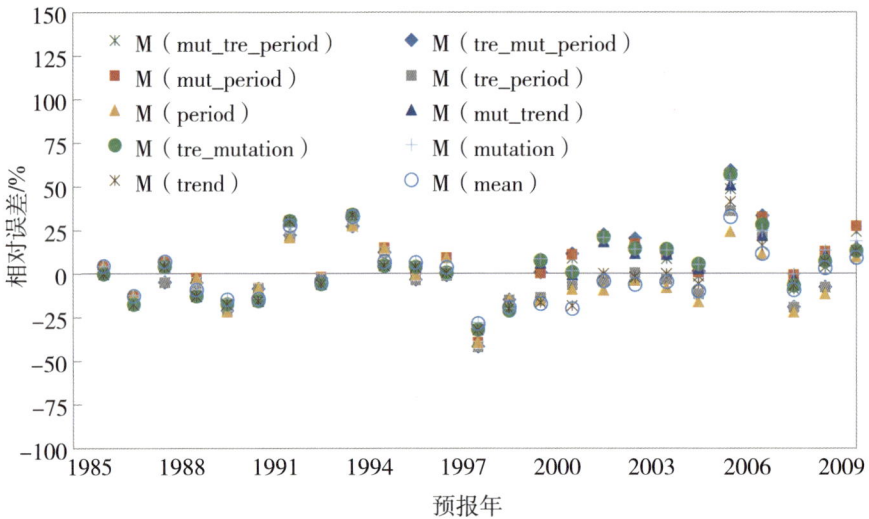

(b)相对预报误差

图 2-10 预报期 1986—2010 年单步滚动预报的误差和相对误差随时间的变化过程

为对预报期的精度进行综合评价,给出了 25 年预报期的 4 个综合精度指标 MAE、RMSE、MAPE、SDPE,为了对比 1998 年和 2006 年两个预报误差较大年份对综合预测精度的影响,同时给出了 1998 年和 2006 年不参与综合评价的 23 个预报年份预测精度指标(表 2-11)。

表 2-11　　　　预报期(1986—2010 年)的加法模型单步滚动预测精度指标

模型名称	25 年预报期综合预测精度				23 个预报年份预测精度			
	MAE /(m³/s)	RMSE /(m³/s)	MAPE /%	SDPE /%	MAE /(m³/s)	RMSE /(m³/s)	MAPE /%	SDPE /%
M(mut_tre_period)	640	862	14.05	18.44	488	604	10.77	13.45
M(tre_mut_period)	696	928	15.30	20.30	556	686	12.20	15.14
M(mut_period)	676	899	15.06	19.09	515	641	11.48	13.44
M(tre_period)	597	806	12.86	16.60	479	589	10.46	12.80
M(period)	616	781	13.07	15.51	533	618	11.54	13.14
M(mut_trend)	625	806	13.94	18.09	510	632	11.36	14.33
M(tre_mutation)	671	859	14.95	19.33	559	686	12.36	15.33
M(mutation)	641	793	14.40	17.52	530	628	11.81	13.60
M(trend)	603	788	13.10	17.29	506	649	10.97	14.33
M(mean)	595	726	12.84	15.62	528	625	11.41	13.62

注:23 个预报年份预测精度误差较大的两个年份(1998 年和 2006 年)不参与综合评价的精度,下划线标记当前模型的该指标明显优于其他模型。

分析表 2-11 的结果可知:①25 年预报期的综合预测精度 4 个误差精度指标对不同模型的优劣未能完全一致,但总体上可以看出多年平均外推模型 M(mean)预报效果最好,线性回归趋势项模型 M(trend)、线性回归趋势项叠加谐波周期项模型 M(tre_period)、周期项模型 M(period)次之,优于其他模型;含有突变成分的模型总体较不含突变的模型预报效果更差,但含突变—趋势组合模式(mut_tre)的预报效果相对于其他含突变项的模型更优。②23 个预报年份预测精度指标显示,效果较优的模型为 M(mut_tre_period)和 M(tre_period),且 10 种加法模型的精度指标较于 25 年综合预测精度均有所减小,4 个误差指标的减小率范围分别为 11%~24%、13%~30%、11%~24%和 12%~30%。

总体而言,在突变、趋势、周期成分的组合模式中,对模型模拟精度影响显著的是周期成分,含周期成分的模型具有更优的模拟效果,但模型稳定性越低,突变和趋势成分对模拟效果的影响相对较小,先识别突变成分较先识别趋势成分具有更好的模拟效果;而对预报效果影响较明显的成分是突变成分,考虑突变成分的模型总体上较多年平均、趋势或趋势—周期叠加模型的预报效果更差,但突变—趋势组合模型可以对含突变成分的模型有所优化。此外,对于实测径流数据存在突变的年份,不同组合模式的模型均难达到较高的预测精度,降低了预报期的综合预报效果。

2.4.3 两种突变诊断准则的预报模型对比分析

采用 2.4.1 节中设计的两种诊断准则对起始年份为 1956 年、结束年份为 1985—2009 年的变化训练期径流序列进行突变识别,以 M(mut_tre_period)、M(tre_mut_period)、M(mut_trend) 和 M(tre_mutation) 4 种不同组成模式的加法预报模型为代表,计算 25 组训练期模拟精度指标的平均值(评价综合模拟精度)、标准差(评价模型稳定性),如表 2-12 所示。

对比"严格"准则 mut 和"宽松"准则 mut2 两种准则,可得出以下结论:①分析模拟精度的平均值变化情况,"宽松"准则 mut2 下的 MAE、RMSE、MAPE、SDPE 等 4 个误差指标均较"严格"准则有所减小,不同模型的 4 个指标减小率均为 4.3%~8.7%,表明模型模拟精度得到提高;②分析模拟精度的标准差变化情况,含周期成分(period)时,"宽松"准则下的 4 个指标的标准差减小了 4.2%~28%,即模型稳定性更好,不含周期成分时,4 个指标的标准差有较大幅度的增加,即模型稳定性相对更差;③分析预测精度的变化,除 M(mut_tre_period)、M(tre_mut_period) 模型的 SDPE 指标和 M(mut_trend) 模型的 MAE 指标略有减小以外,4 组预报模型的其他误差指标均有较明显的增加,表明预测精度总体上有所降低。

总体上,"宽松"准则下的突变提取更为充分,有利于提高模型的模拟效果,但降低了模型的预测精度;对模型模拟性能稳定性的影响可能由于突变和周期成分的相互作用而存在不同的影响规律。

表 2-12　　　　两种突变准则下的变化径流序列确定性成分拟合精度对比

指标类型	模型名称	"严格"准则 mut				"宽松"准则 mut2			
		MAE	RMSE	MAPE	SDPE	MAE	RMSE	MAPE	SDPE
模拟精度的平均值	M(mut_tre_period)	430	557	9.54	12.03	398	519	8.87	11.32
	M(tre_mut_period)	441	567	9.78	12.23	402	519	8.96	11.34
	M(mut_trend)	552	658	12.30	14.18	515	627	11.50	13.57
	M(tre_mutation)	558	669	12.43	14.39	518	626	11.54	13.54
模拟精度的标准差	M(mut_tre_period)	53.1	59.0	1.19	1.12	40.6	47.9	0.89	0.95
	M(tre_mut_period)	50.5	55.0	1.12	1.07	36.4	46.5	0.82	1.03
	M(mut_trend)	16.4	17.3	0.39	0.44	39.6	32.0	0.90	0.84
	M(tre_mutation)	18.3	17.9	0.44	0.54	35.7	27.7	0.82	0.73

指标类型	模型名称	"严格"准则 mut				"宽松"准则 mut2			
		MAE	RMSE	MAPE	SDPE	MAE	RMSE	MAPE	SDPE
预测精度	M(mut_tre_period)	640	862	14.05	18.44	653	880	14.73	18.21
	M(tre_mut_period)	696	928	15.30	20.30	778	997	17.47	20.15
	M(mut_trend)	625	806	13.94	18.09	623	849	14.41	18.96
	M(tre_mutation)	671	859	14.95	19.33	716	929	16.28	19.63

2.5　本章小结

针对已有自适应加法预报模型研究对动态数据与模型响应机理探索的不足,本章考虑变化时间及突变、趋势、周期等的不同成分、分离顺序和识别准则,提出了逐步滚动和多组成模式的自适应加法预报模型框架,探索模型在动态径流数据、不同组成模式及二者协同作用下的响应规律。在加法模型识别中,采用 MK、滑动 t、Pettitt、SNHT、Buishand、秩和检验等方法进行突变综合诊断进而运用"均值变换"提取突变成分,采用线性回归、Sen's 斜率估计、MK 检验等方法识别径流序列的趋势变化并运用一元线性回归方程提取趋势成分,采用周期图和累计解释方差图进行显著周期识别进而叠加谐波形成周期成分。以溪洛渡入库年径流为研究对象,以起始年份为 1956 年、结束年份为 1986—2010 年构建了变化训练期的动态径流数据,开展了多组成模式加法模型的动态识别和滚动预报研究。

本章主要研究成果和结论如下:

(1)突变、趋势、周期成分的动态识别结果

结束年份为 1999—2010 年(样本数为 44~55)的实测径流序列在 1998 年发生显著的上升突变,且突变量随着样本数增加呈递减变化;变化径流序列存在不显著上升或下降趋势,结束年份在 1989—1990 年、1992—1994 年和 1998 年附近存在 3 个趋势转折点,分别为下降转上升、上升转下降或持平、持平转上升;变化径流序列主周期(显著性水平为 0.1)随着时间演进存在明显变化,实测序列结束年份在 1998 年附近的主周期最大为 21,总体呈现出突变年份以后主周期个数增加、周期长度增大的变化。总之,不同成分随着变化训练期的动态演化特征均反映了历史规律与未来发展趋势之间呈现的不一致性。

(2)不同组成和分离次序的径流成分对比分析

先剔除趋势成分的剩余序列,其突变成分较于实测序列更小,即剔除趋势成分减

小了实测序列的上升突变量;剔除突变成分的剩余序列,其趋势成分在突变点(1998年)以后的变化趋于平缓,即剔除突变成分明显地减弱了实测序列趋势性的变化幅度;对比剔除突变、趋势及二者组合成分对剩余序列周期性的影响,结果显示周期性受趋势成分的影响相对较小,受突变成分的影响更为明显,剔除突变成分在一定程度上减弱了周期性波动。

(3)不同组成加法模型的训练期模拟结果

周期成分对模型的影响较突变和趋势成分更为明显,周期成分识别显著提高了模型模拟精度;先提取突变成分的模拟效果优于先提取趋势成分;"宽松"准则较于"严格"准则对突变成分的提取更为充分。总体上,模型平均模拟精度越高,其随时间变化的稳定性越低。

(4)不同组成加法模型的滚动预报结果

突变成分对预报效果影响较明显,考虑突变成分的模型总体上较多年平均、趋势或趋势—周期叠加模型的预报效果更差,但突变—趋势组合模型可以对含突变成分的模型有所优化;对于实测径流数据的突变年份,不同组成模式的模型均难达到较高的预测精度,降低了预报期综合预报效果。

此外,本章径流成分分析是为研究加法模型动态识别的规律,并未对径流突变、趋势、周期性等成因进行专门的分析,金沙江下游流域径流演变及成因相关的研究可参考已有文献[44],也可在下一步研究中予以考虑。

本章研究工作为下一章基于分解集成的预报模型研究提供加法模型的建模理论及预报结果,同时也可为其他流域的径流预报加法模型研究提供一定的参考借鉴。

第 3 章　基于分解集成策略的年径流自适应预报研究

3.1　概述

可靠的年径流预报对指导水库中长期调度具有重要意义。时间序列预测是年径流预报的常用方法。基于时间序列预测方法构建自适应动态预报模型以提高预报可靠性,已成为年径流预报研究的重要手段。为更加精确识别径流序列的历史规律以提高模型预测精度,较多研究将时序分解方法作为预报模型的前处理策略以构建分解集成预报模型,即利用时序分解方法将径流序列分解为相对简单的多个子序列,分别对子序列建立预报模型,进而叠加子序列预报结果得到预报值。近年来,基于分解集成策略的自适应预报模型研究已逐步受到关注并取得一定进展,关于此类预报模型的适用性亦存在不同观点[86-88],但研究工作多关注于不同模型预报效果的比较以判别模型是否实用,尚未深入探索径流分解对模型适用性的影响机制。因此,亟须从分解集成的作用机制出发,发展分解集成预报模型研究的一般性理论框架。

目前,常用的径流分解方法有传统的加法模型分解和现代时频分析技术。加法模型分解(Additive Model Decomposition,AMD)即通过第 2 章中径流组成成分识别方法将径流序列分解为突变、趋势、周期等确定性成分和随机序列[159],可直接基于子序列的变化趋势进行外推预测,称为加法预报模型;变分模态分解(Variational Mode Decomposition,VMD)是一种具有高效分解能力的时频分析方法,常用于将径流序列分解为不同时频特性的子序列,但需借助于其他时间序列模型进行子序列的外延预测。自回归求和移动平均(Autoregressive Integrated Moving Average,ARIMA)模型是经典的时间序列预测模型,已在径流预报领域得到广泛应用。

为此,本书基于 AMD 分解和 VMD 分解方法,以 ARIMA 为单一预报模型,引入滚动预报思想[88],构建了逐步滚动和分解集成的自适应预报模型,从模型优化识别、分解集成作用和模型有效性辨识三个方面提出了自适应分解集成预报模型研究框架。以溪洛渡水库为实例对象开展年径流自适应预报模型研究,探索分解策略在预报模型中的作用机制及有效性,为具有实用性的预报模型构建提供指导。

本章研究技术路线如图 3-1 所示。首先,构建自适应分解集成预报模式、多级分解集成的预报模型体系和考虑分集成作用机制的模型研究框架,为本章研究提供理论和方法;在此基础上,从预报模型动态优化识别方案、分解集成策略对模型的影响、分解集成预报模型的有效性三个方面开展实验研究和结果分析。

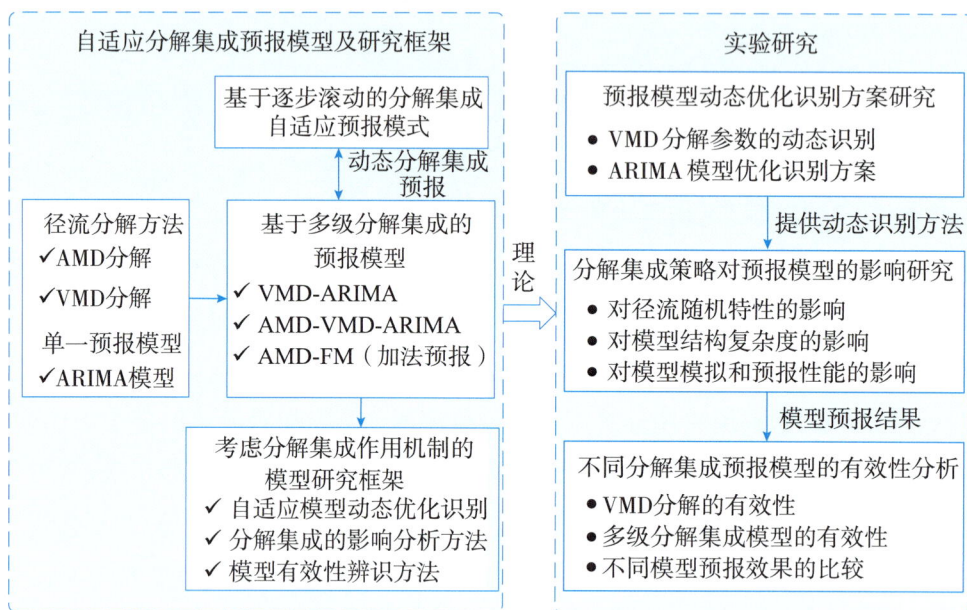

图 3-1 基于分解集成策略的年径流自适应预报模型研究技术路线

3.2 分解集成预报模型及研究方法

3.2.1 基本方法与模型理论

第 2 章中已经介绍了 AMD 及其预报模型,即依据给定的径流成分识别方法对历史径流序列进行组成成分识别进而进行外推预报。本章将进一步阐述 VMD 和 ARIMA 模型的基本方法和理论。

3.2.1.1 VMD

VMD 算法由 K. Dragomiretskiy 和 D. Zosso[160]于 2014 年首次提出,是一种适用于非线性信号分析的分解算法,可以自适应地将信号分解为具有稀疏特性的分量,具有很高的分解效率[161]。

VMD 方法将信号序列的分解转换为约束变分模型及其求解问题：①在各分量之和等于原信号的约束条件下，模型目标函数为各分量的估计带宽之和最小；②模型求解采用 ADMM(Alternate Direction Method of Multipliers,ADMM)算法进行迭代寻优，以确定每个分解分量(子序列)的频率中心和带宽。具体的约束变分模型构造和求解步骤见参考文献[162]中的 VMD 原理介绍。

假定将原始信号 $f(t)$ 分解为 K 个具有有限带宽的本征模函数分量(Instrinsic Mode Function,IMF)，记为 $u_k(t)$，$k=1,2,\cdots,K$，模态分量个数 K 为预设参数，K 值太大会造成过度分解，太小会导致分解不充分。因此，本书引入"过分解"判别准则以合理地确定 K 值[162]：若首次出现过分解时的 K 值为 K_i，则最佳分解 K 值为 $K_{i-1}=K_i-1$。

3.2.1.2　ARIMA 模型理论

下面将介绍 ARIMA 模型基本理论、检验方法及其建模流程。

(1)ARIMA 基本原理

ARIMA 是差分运算与自回归移动平均模型 ARMA 的组合，记为 ARIMA(p，d，q)。非平稳序列可通过适当阶数(d)的差分运算实现平稳，进而建立 ARMA 模型；对于平稳序列($d=0$)，ARIMA(p，d，q)模型即为 ARMA(p，q)模型。

ARMA 是常用的拟合平稳序列的模型，模型描述如下：

$$\begin{cases} x_t = \phi_0 + \phi_1 x_{t-1} + \cdots \phi_p x_{t-p} + \varepsilon_t - \theta \varepsilon_{t-1} - \cdots - \theta \varepsilon_{t-q} \\ \phi_p \neq 0, \theta_q \neq 0 \\ E(\varepsilon_t) = 0, \mathrm{Var}(\varepsilon_t) = \sigma_\varepsilon^2, E(\varepsilon_t \varepsilon_s) \neq 0, s \neq t \\ E(x_s \varepsilon_t) = 0, \forall s < t \end{cases} \tag{3-1}$$

式中，ϕ_p——p 阶自回归系数；

θ_q——q 阶移动平均系数；

ϕ_p 和 θ_q——模型参数，可采用最小二乘法或极大似然估计进行参数拟合。

p，d，q 决定模型结构，当 $p=0$ 时，ARMA(p，q)退化成 MA(q)模型；当 $q=0$ 时，ARMA(p，q)退化成 AR(p)模型。

(2)序列平稳性检验

采用单位根(Augmented Dickey-Fuller,ADF)检验[158]进行径流序列平稳性检验。ADF 检验原假设(H_0)为序列存在单位根，即认为非平稳；备则假设(H_1)为序列不存在单位根,即认为序列具有平稳性。接受原假设的概率大于一定的显著性水平 ∂,则接受原假设,检验结果为非平稳;否则,检验结果为平稳。

（3）模型有效性检验

ARMA 模型的有效性检验即是对模型拟合残差序列的白噪声检验。本书选择 Ljung-Box 检验[163]作为白噪声检验方法。

原假设 (H_0)：$r_1 = r_2 = \cdots r_m$，$\forall m \geq 1$

备则假设 (H_1)：至少存在某个 $r_k \neq 0$，$\forall m \geq 1, k \leq m$

若在一定显著性水平 ∂ 下拒绝原假设,则残差序列为非白噪声,说明残差序列中存在相依性成分未充分提取,模型拟合不够有效;若不能拒绝原假设,认为模拟模型的残差属于白噪声序列,该拟合模型显著有效。

（4）ARIMA 建模流程

步骤 1：对输入径流序列进行平稳性检验和白噪声检验。若为非平稳序列,则进行差分平稳后,进入步骤 2;若为平稳非白噪声,进入步骤 2;若为白噪声,则利用 ARIMA(0,0,0)进行白噪声拟合。

步骤 2：进行 ARMA 模型的识别,观察序列的自相关图和偏自相关图,确定参数 p, q 的初步取值范围,可能得到多组有效的模型。

步骤 3：针对步骤 2 中多组模型,选择优化准则,进行模型结构优化识别。

步骤 4：选择通过有效检验的最优拟合模型,进行径流序列的外推预测。

ARIMA 建模流程见图 3-2。

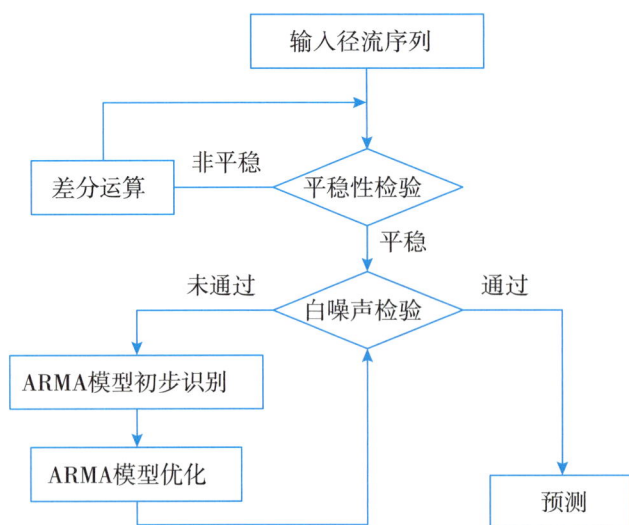

图 3-2　ARIMA 建模流程

3.2.2　自适应分解集成预报模型构建

3.2.2.1　自适应分解集成预报模式

年径流自适应分解集成预报模式构建包括变化时间的自适应模式和径流分解集成预报方法两个方面。

(1)变化时间的自适应模式

自适应径流预报通常是在构建适应变化时间的预报模式时根据新的径流样本对模型进行训练更新,常用的径流样本自适应更新方式包括逐步滚动模式[88]和窗口滑动模式[44]等。为充分利用历史径流的规律,本章采用第 2 章相同的逐步滚动自适应预报模式。

(2)径流分解集成预报方法

除第 2 章的加法预报模型外,本章进一步构建基于 VMD 和 ARIMA 的分解集成预报模型。该模型依次对逐年滚动更新的训练期径流序列进行分解,得到多子序列,进而进行各子序列模型识别和预报,叠加子序列预报结果得到年径流预报值,完成预报期的逐年滚动预报。

将 N 个年份的实测数据分为初始训练期(M_X 年)和预报期(N_Y 年),若预报年序号为 n,则当前训练期样本数为 M_X+n-1,训练期的实测样本序列用于模型识别和训练,通过模型进行逐年径流预报,预报期的实测样本序列用于评价模型预报的效果。为对预报模型构建过程进行描述,将实测径流序列、训练期样本和预报年径流样本定义为:①N 个年份的实测数据为 $Q_t(t=1\sim N)$;②预报期实测年径流记为 $Y_n(n=1\sim N_Y)$,n 为预报年序号,预报年径流记为 $\tilde{Y}_n$;③预报年 n 对应的训练期样本为 $X_m(m=1\sim M_X+n-1)$,m 为训练期样本序号。

本书基于逐步滚动的自适应分解集成预报模式构建方法如图 3-3 所示。

下面以 VMD-ARIMA 模型为例,阐述自适应分解集成预报模型的具体建立流程。

步骤 1:将第 n 个预报年对应的历史径流序列 $X_m(m=1\sim M_X+n-1)$ 进行 VMD 分解,得到 K 个子序列;

步骤 2:对每个子序列按照 ARIMA 建模流程进行模拟模型构建,记为 M_k,利用 M_k 对第 k 个子序列进行步长为 1 的回归预测;

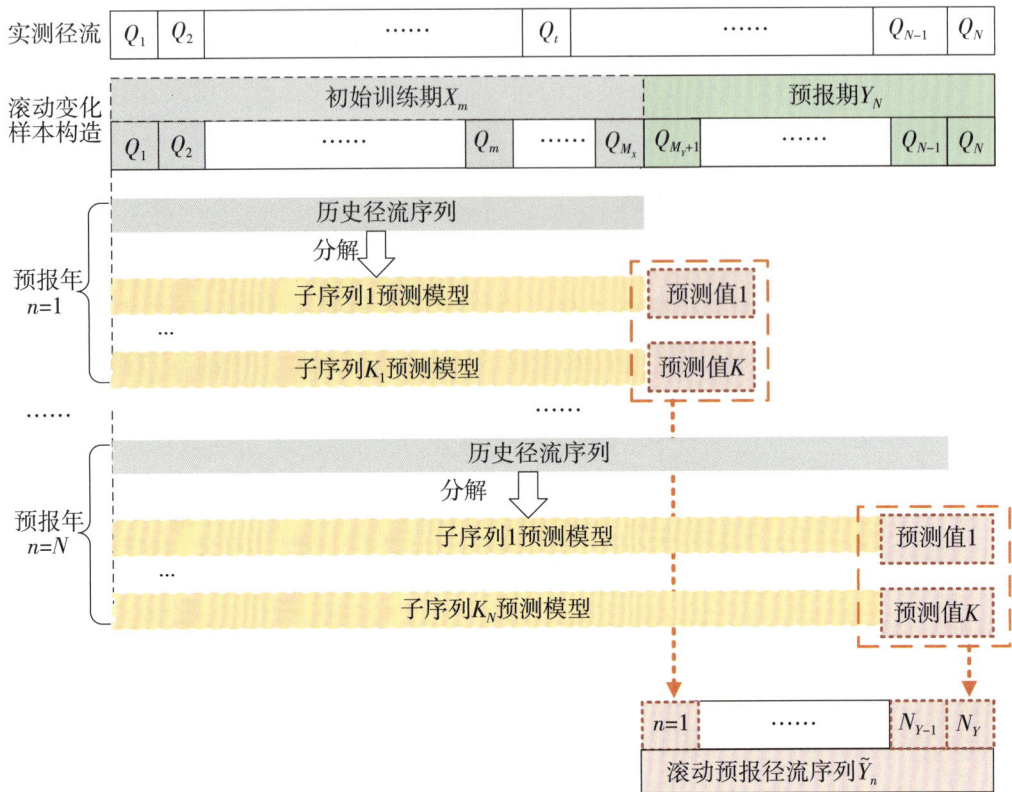

图 3-3 基于逐步滚动的自适应分解集成预报模式构建方法

步骤 3：将 K 个子序列的回归预测值累加（集成）得到第 n 个预报年的预测值。

步骤 4：$n＝n＋1$，转步骤 1，更新历史序列，迭代直至完成预报期的滚动预报。

3.2.2.2 多级分解集成的预报模型

为探究径流分解对模型的影响效果，比较研究不同模型的预报性能，本书基于 AMD 和 VMD 构建了多种分解集成预报模型：基于加法分解的预报模型（Forecasting Model based on AMD，AMD-FM）、基于 VMD 分解的回归预测模型（VMD-ARIMA）和 AMD-VMD-ARIMA 二次分解预报模型。除此之外，采用单一 ARIMA 模型和多项式回归模型（Polynomial Regression Forecasting Model，PRFM）两种不考虑分解集成策略的预报方法作为对比。

本书构建的预报模型框架如图 3-4 所示。

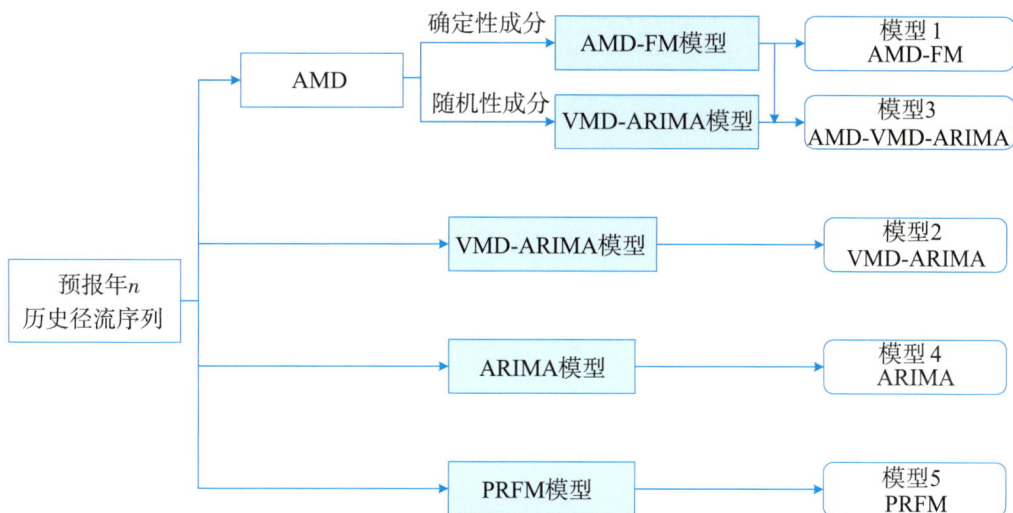

图 3-4　预报模型框架

（1）AMD-FM 预报模型

在 2.3.2 节表 2-3 介绍的加法模型中选择 6 种代表性的径流组成模式作为本章采用的 AMD-FM 模型，模型介绍如表 3-1 所示。

表 3-1　　　　　　　　　本章采用的加法分解方法和加法预报模型介绍

加法分解	加法预报模型	模型的径流组成模式
AMD(mean)	AMD-FM(mean)	组成：实测序列的均值
AMD(mut_t)	AMD-FM(mut_t)	组成和分离顺序：突变（准则①）、趋势、均值
AMD(mut2_t)	AMD-FM(mut2_t)	组成和分离顺序：突变（准则②）、趋势、均值
AMD(period)	AMD-FM(period)	组成和分离顺序：周期、均值
AMD(mut_t_p)	AMD-FM(mut_t_p)	组成和分离顺序：突变（准则①）、趋势、周期、均值
AMD(mut2_t_p)	AMD-FM(mut2_t_p)	组成和分离顺序：突变（准则②）、趋势、周期、均值

注：AMD 和 AMD-FM 括号中的标记代表不同加法模型的径流组成，mean、t、period 分别代表均值、趋势和周期成分，p 为周期的简化标记，mut、mut2 分别代表按照 2.4.1 节中准则①和准则②识别的突变成分，后文统一将 AMD 分解得到的随机性成分记为 Resid。

（2）VMD-ARIMA 预报模型

采用 VMD 对径流序列进行分解，然后对各子序列分别建立 ARIMA 模型，将子序列的预测结果累加得到年径流预报值。

（3）AMD-VMD-ARIMA 二次分解预报模型

首先采用 AMD 将径流分解为确定性成分和随机性成分，其中确定性成分采用

AMD-FM 进行外推预测,随机成分采用 VMD-ARIMA 进行回归预测。在此基础上,将确定性成分 AMD-FM 预测值和随机性成分 VMD-ARIMA 预测值累加得到年径流预报值。

3.2.3 考虑分解集成作用机制的模型研究框架

为探究分解策略对模型适用性的影响机制,从模型参数优化识别、分解集成作用机制和模型有效性辨识三个方面构建自适应分解集成预报模型研究框架,如图 3-5 所示。

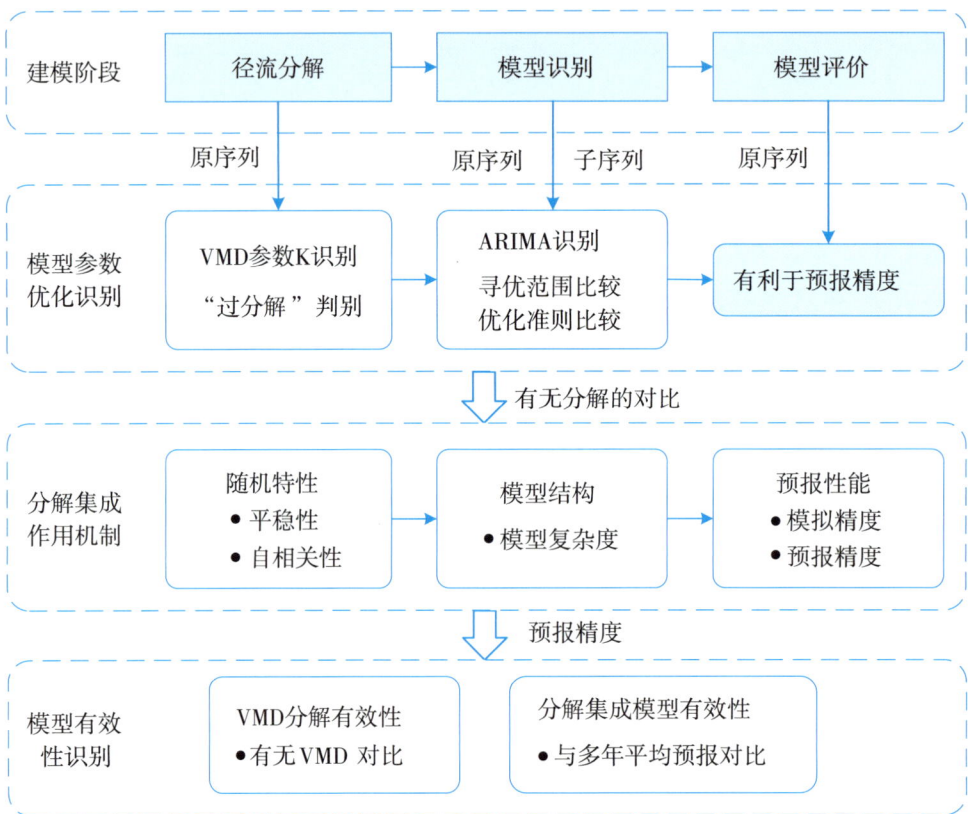

图 3-5 考虑分解集成作用机制的模型研究框架

(1)模型参数优化识别

针对原序列和 VMD 分解的子序列,比较研究不同寻优范围、优化准则的 ARIMA 模型优化结果,分别推荐出有利于 ARIMA、VMD-ARIMA、AMD-VMD-ARIMA 模型预测精度的优化方案,为自适应分解集成预报模型研究提供动态优化识别方法。

（2）分解集成作用机制

分析径流分解方法对径流序列平稳性、自相关性等随机特性及模型结构和模型性能的影响，以期探究分解策略在预报模型中的作用机制。

（3）模型有效性识别

基于不同模型预报的结果集，评估分解集成对模型的改善效果，辨识 VMD 对模型的有效性及分解集成模型较于多年平均预报的有效性。

3.2.3.1　自适应预报模型参数的动态优化识别方法

在逐步滚动自适应预报模式下，用于建模的历史径流序列、VMD 分解的序列个数参数 K 及子序列均随时间变化，较大程度地增加了模型结构识别和参数训练的复杂性。因此，在基于 3.2.1.1 节"过分解"判别准则进行 VMD 分解参数动态识别的基础上，采用网格搜索算法进行子序列 $ARIMA(p,d,q)$ 模型结构和 PRFM 的动态优化识别，以及基于实测径流序列进行 $ARIMA(p,d,q)$ 模型和 PRFM 的动态优化识别，寻优过程中模型的自回归系数和移动平均系数等参数采用最小二乘法进行拟合。

模型结构参数优化识别是在尽可能全面的范围里考察有限多个模型，将优化准则函数值最小的模型作为拟合模型，得到相对最优的模型[163]，寻优范围的设置、优化准则的选取均会直接影响模型的识别结果。因此，本书将结合径流序列的样本数设置多组寻优范围，选择贝叶斯信息准则（Bayesian Information Criterion，BIC）和均方误差准则（Mean Square Error，MSE），重点讨论不同寻优范围和优化准则对模型性能的影响，从而推荐出有利于提高模型预报效果的优化方案。

BIC 和 MSE 准则的函数公式如下：

$$\text{BIC} = n\ln\widehat{\sigma_\epsilon^2} + (\ln n)(S), \quad \text{MSE} = \frac{1}{n}\widehat{\sigma_\epsilon^2} \tag{3-2}$$

式中，$\widehat{\sigma_\epsilon^2}$——残差的方差；

n——模拟序列的长度；

S——模型参数的个数。

BIC 或 MSE 达到最小时，对应的模型结构即为所求解的优化模型。

3.2.3.2　分解集成对模型的影响分析方法

为探究分解集成的作用机制，从径流随机特性、模型结构和模型性能三个方面构建分解集成对预报模型影响的评价因子，基于有—无分解的对比分析，量化分解策略对前述三类模型评价因子的影响程度。

（1）径流随机特性

在径流特性方面，自相关性和平稳性是影响随机径流序列模型构建的关键特性，本书采用 ADF 检验法和 Ljung-Box 检验法分别对分解前后的序列进行平稳性和自相关性检验，分析分解策略对两类随机特性的影响。

为量化径流分解对序列自相关特性的综合影响程度，本书从自相关性（"过去推演未来"）的角度，引入 Ljung-Box 方法独立性检验统计量[163]为子序列的自相关系数，进一步结合子序列能量加权的思想，提出径流分解集成的综合自相关性评价指标。下面给出综合自相关性指标计算步骤。

步骤 1：引入 Ljung-Box 检验方法的统计量作为子序列 u_k 的自相关系数：

$$\mathrm{QLB}_k = n(n+2)\sum_{l=1}^{L}\frac{\hat{r_l}}{n-l} \tag{3-3}$$

式中，n——序列的长度；

l——自相关性考察的最大阶数；

$\hat{r_l}$——l 阶自相关系数。

步骤 2：以各子序列的信号能量为权重，计算加权自相关系数：

$$\mathrm{CQLB} = \sum_{k=1}^{K} p_k \cdot \mathrm{QLB}_k \tag{3-4}$$

式中，K——子序列的个数；

p_k——u_k 的信号能量占 K 个序列能量之和的权重，第 k 个子序列的能量值为该序列样本值的平方和。

（2）模型结构

在模型结构方面，模型结构复杂度是影响模型性能的重要指标，为量化分析分解集成策略对模型结构的影响，引入模型空间复杂度（Space Complexity of Model，SCM）作为模型结构的评价指标，分析分解集成策略对模型复杂度的影响。

以本书采用的 ARIMA 模型为例，模型复杂度实际为模型的参数个数，VMD-ARIMA 模型的复杂度即为 K 个子序列各自的 ARIMA 模型参数的个数之和。若记第 k 个子序列 ARIMA 模型的复杂度为 SCM_k，则 VMD-ARIMA 模型的复杂度 CSCM 的计算公式表述如下：

$$\mathrm{CSCM} = \sum_{k=1}^{K} \mathrm{SCM}_k \tag{3-5}$$

（3）模型性能

在模型性能方面，根据 2.2.2.3 节中的综合评价指标对 N_Y 个预报年的预报模型进行评价,基于有一无对比准则,分析分解策略对模型模拟精度和预测精度的影响。综合评价指标的历史模拟精度采用 N_Y 个模型模拟精度 MAE、RMSE、MAPE、SDPE 各自的均值指标,预测精度包括 MAE、RMSE、MAPE、SDPE。前述"模拟精度"为模型的历史拟合值相对于训练期实测值的拟合程度,"预测精度"为模型预报计算值相对于预报期实测值的拟合程度。

3.2.3.3　模型有效性辨识方法

为评价分解集成策略对模型改进的有效性,本书基于有无对比准则,以未考虑分解策略的模型作为基准模型,判别分解集成预报模型较于基准模型是否有效。

Diebold-Mariano(DM)统计检验法[164,165]常应用于检验不同预报模型之间是否存在显著差异。本书引入该检验方法对预报模型进行有效性判别,即检验某一预报模型相较于基准模型是否具有显著较优的预报效果。

设预报模型 1 的预报误差为 $e_{1,t}(t=1,2,\cdots,T)$,预报模型 2(基准模型)的预报误差为 $e_{2,t}(t=1,2,\cdots,T)$,则两个模型的预报误差函数的差值序列为:

$$d_t = \text{Loss}(e_{1t}) - \text{Loss}(e_{2t}) \tag{3-9}$$

式中,Loss——误差函数,常用的函数为绝对误差和误差平方[128]。

原假设为两个预报模型具有相同的预报能力,即二者预报误差差值期望为 0,即

$$H_0: E(d_t) = 0 \tag{3-10}$$

备择假设为模型 1 和模型 2 的预报效果存在显著差异,即

$$H_1: E(d_t) \neq 0 \tag{3-11}$$

构造 DM 统计量:

$$\text{DM} = \frac{E(d_t)}{\text{STD}(d_t)} \tag{3-12}$$

式中,$\text{STD}(d_t)$——标准方差的一致估计。DM 检验理论认为 DM 统计量满足标准正态分布。以 5% 的置信水平为例,当 DM 落在 $[-1.96,1.96]$,表示接受原假设,两个模型精度等价;否则,拒绝原假设,即两个模型的预报效果差异明显。其中,若 $E(d_t)<0$,模型 1 的预报效果优于模型 2;若 $E(d_t)>0$,模型 1 的预报效果劣于模型 2。

3.3 自适应预报模型参数动态优化识别方案研究

3.3.1 研究对象与数据资料

本章自适应预报模型动态优化识别研究运用 3.2.3.1 节中的优化识别方法,对逐步滚动预报模式下的 ARIMA、VMD-ARIMA、AMD-VMD-ARIMA 模型,以及 PRFM 等的模型结构及参数进行优化识别。其中,ARIMA、VMD-ARIMA 和 PRFM 采用实测径流序列为研究数据;AMD-VMD-ARIMA 模型是在第 2 章中 AMD-FM 预报结果的基础上,对 AMD 分解的剩余随机性成分构建 VMD-ARIMA 模型,因此研究的输入数据为 AMD 剩余随机序列。

本章采用与第 2 章相同的溪洛渡水库为研究对象,以其代表站屏山站 1956—2010 年的径流资料为实例数据进行年径流自适应预报模型研究。将 55 年的径流数据分为初始训练期(1956—1990 年共 35 年)和预报期(1991—2010 年共 20 年),以 1 年为预报步长,逐年滚动更新训练期样本(样本数变化范围为 35～54 年),构造 20 个预报年的训练集,作为模型识别和率定的数据资料。其中,训练期实测数据作为模型模拟精度的评价依据,预报期实测径流作为模型预测精度的评价依据。

为对上述实测序列和剩余随机序列进行统一描述,将实测序列记为 Observed,并对表 3-1 的 6 种 AMD 分解的确定性成分和随机性成分采用 Determ 和 Resid 进行命名,如表 3-2 所示。后续实验中相应的径流序列均采用本节的变量命名进行描述。

表 3-2 本章 AMD 分解的确定性序列和剩余随机序列介绍

加法分解	确定性成分	随机序列名称
AMD(mean)	Determ(mean)	Resid(mean)
AMD(mut_t)	Determ(mut_t)	Resid(mut_t)
AMD(mut2_t)	Determ(mut2_t)	Resid(mut2_t)
AMD(period)	Determ(period)	Resid(period)
AMD(mut_t_p)	Determ(mut_t_p)	Resid(mut_t_p)
AMD(mut2_t_p)	Determ(mut2_t_p)	Resid(mut2_t_p)

注:AMD、Determ 和 Resid 括号中不同标记与表 3-1 相同。

3.3.2 VMD 分解参数的动态识别

AMD 分解的成分识别已在第 2 章阐述,本章重点分析 VMD 的参数识别过程。

设置 VMD 分解参数 K 变化范围为 $[3,8]$，根据 3.2.1.1 节的"过分解"判别准则确定不同数据序列的最佳分解数 K 的取值。以样本数 $N=54$ 的实测径流序列为例，给出不同参数 K 的 VMD 分解子序列中心频率变化曲线如图 3-6 所示，随着 K 的增加，$K=6$ 时各中心频率变化曲线存在混叠即过度分解，由此确定最佳分解 K 取值为 5。

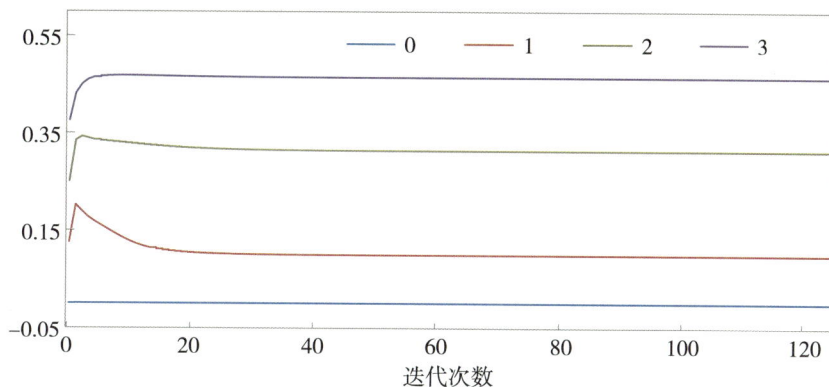

(a) $K=4$

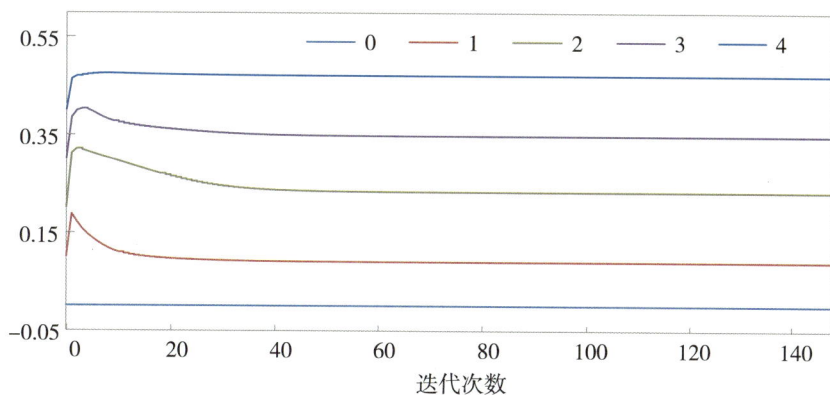

(b) $K=5$

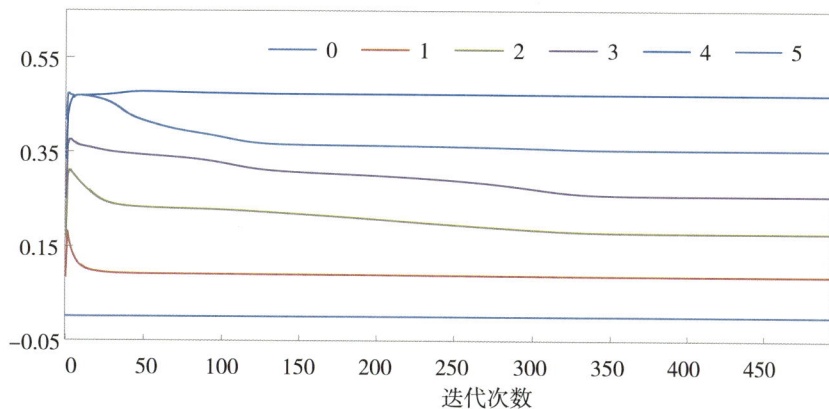

(c) $K=6$

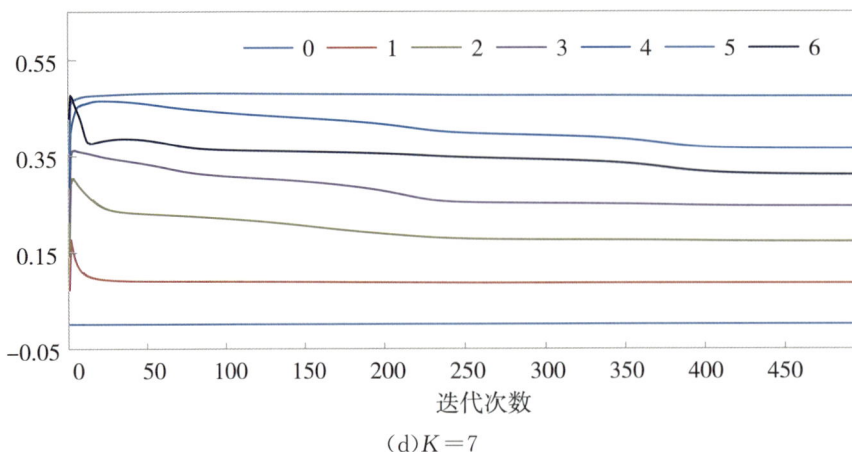

(d) $K=7$

图 3-6 $N=54$ 的实测径流序列 VMD 分解子序列中心频率随参数 K 的变化

以变化样本的实测径流序列（Observed）及表 3-1 中 4 种代表性的 AMD 分解 AMD（mean）、AMD（mut_t）、AMD（period）、AMD（mut_t_p）得到随机性成分 Resid（mean）、Resid（mut_t）、Resid（period）、Resid（mut_t_p）为输入数据，依次确定样本数为 35～55 的输入序列的最佳分解数 K 的取值，如图 3-7 所示。结果显示，不同的输入序列的分解参数 K 均随样本数而变化，Resid（period）、Resid（mut_t_p）的最佳 K 值在 5～6 变化，其他 3 组序列的最佳 K 在 4～5 变化。此外，以样本数 $N=50$ 和 $N=54$ 的实测径流序列（Observed）和 AMD 分解的随机序列 Resid（period）为例，给出 VMD 分解的子序列随时间的变化曲线，如图 3-8 所示。结果显示，不同样本数的径流分解子序列即便分解个数 K 相同，更新样本数的子序列与更新前的子序列也不是完全重叠；随着样本数变化，Resid（period）子序列比实测（Observed）子序列的不重叠程度更大。

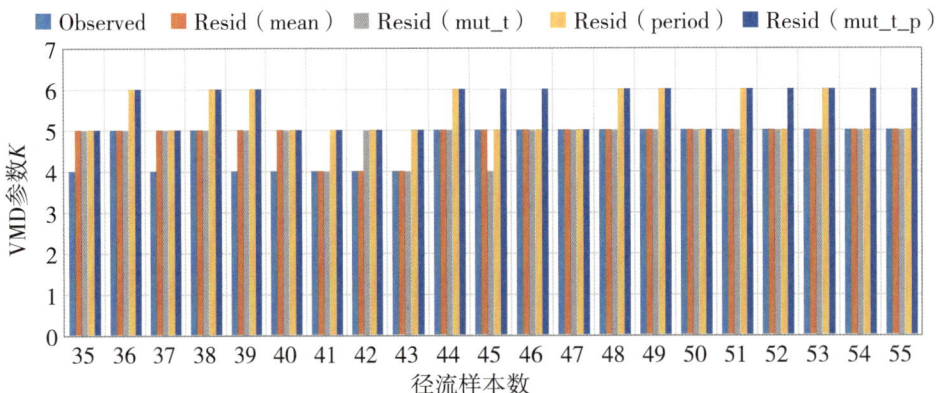

图 3-7 变化样本数的径流序列 VMD 最佳分解参数 K 识别结果

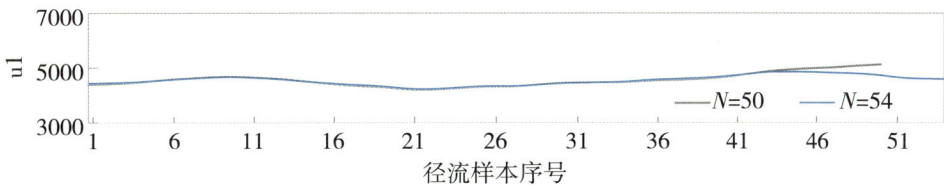

（a1）u1

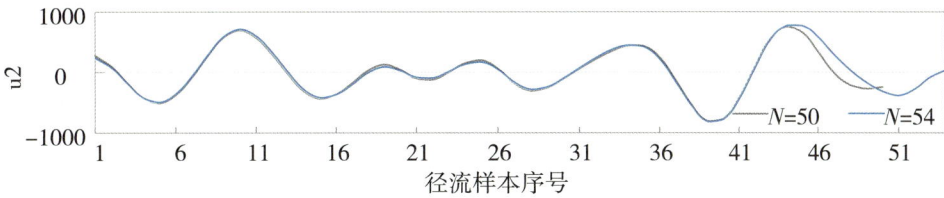

（a2）u2

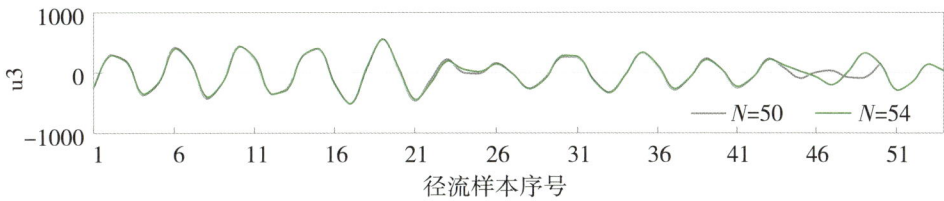

（a3）u3

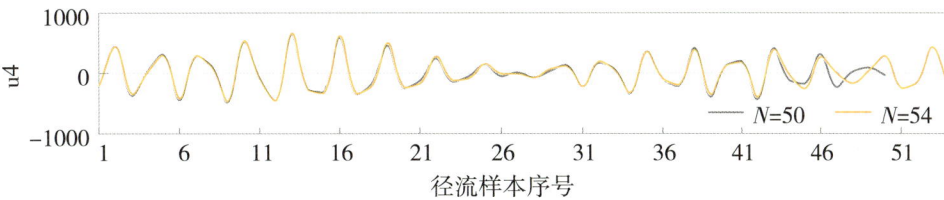

（a4）u4

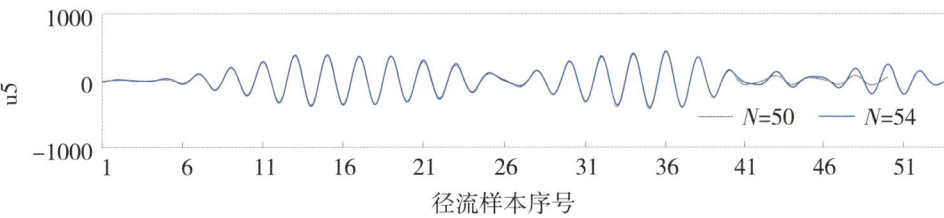

（a5）u5

（a）实测序列 Observed 的 VMD 分解

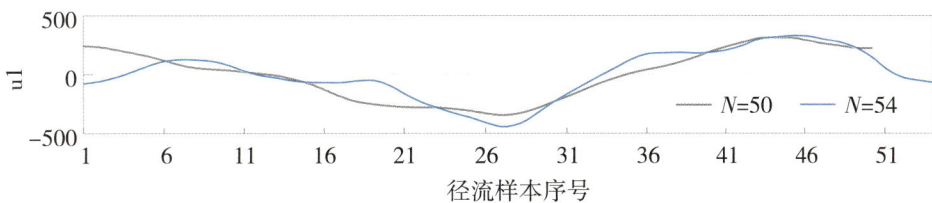

（b1）u1

(b2)u2

(b3)u3

(b4)u4

(b5)u5

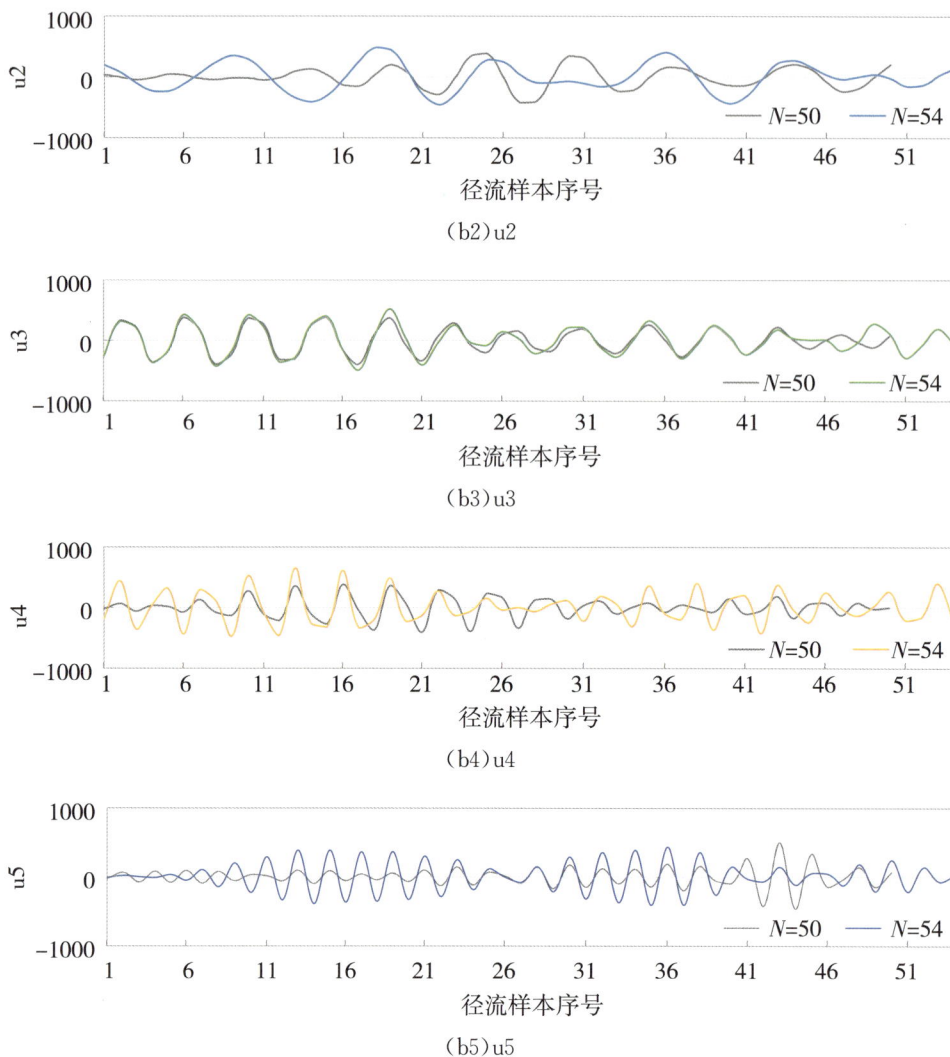

(b)随机序列 Resid(period)的 VMD分解

图3-8　$N=50,54$ 的径流序列 VMD 分解子序列对比

由此可见,不同输入序列及其分解子序列的时域和频域特性均随时间演进(样本数增加)而动态变化,且基于傅里叶级数的主周期识别提取了部分频率特性,使得剩余随机成分的 VMD 分解子序列时频特性随样本数的波动更大。同时,本节研究结果也验证了本书提出采用逐步滚动和多级自适应分解模式的必要性。

3.3.3　预报模型参数优化识别方案研究

本章构建的预报模型框架中需进行优化识别的模型包括实测序列(Observed)的 ARIMA 模型和 PRFM,Observed 的 VMD 分解子序列 ARIMA 模型,以及 AMD 分解的剩余随机序列 Resid 的 VMD-ARIMA 模型。

本节针对上述模型优化目标进行实验方案设计和对比研究,为分解集成预报模型构建提供有利于提高预报期综合预报效果的模型结构优化识别方案。

3.3.3.1　实验方案设计

为对不同预报模型优化识别研究,将实测序列的 ARIMA 和 PRFM 模型称为单一模型,将 VMD-ARIMA 或 AMD-VMD-ARIMA 模型称为分解集成模型,从单一模型和分解集成模型两个方面进行优化方案比选实验设计。

(1)单一模型的优化方案对比实验

比较研究不同寻优范围、不同准则对 ARIMA(p,d,q) 和 PRFM 模型结构识别的影响,给出相对有利于提高模型预测精度的寻优范围。

①研究数据:以实测径流序列(Observed)为实例数据。

②ARIMA 模型定阶范围设置 4 种方案:ARIMA[0,6]、ARIMA[0,10]、ARIMA[0,$N/4$]、ARIMA[0,$N/3$],括号代表 p 和 q 的寻优区间,d 由差分平稳阶数确定,N 为径流序列样本数;以 PRFM 作为对比,PRFM 定阶范围设置两种方案:PRFM[1,10]、PRFM[2,10],括号代表多项式阶数的寻优区间。

③优化准则:对比研究 BIC 和 MSE 两种准则。

④评价指标:以 MAE、RMSE、MAPE、SDPE 作为模型单次模拟精度和预报期综合预测精度指标;模型有效性检验结论由自相关阶数 $L=6$ 确定,$L=N/4$ 作为参考。

(2)分解集成模型的优化方案对比实验

在单一模型的优化方案对比实验研究结论的基础上,进一步对比研究 BIC 和 MSE 两种优化准则对 VMD-ARIMA 模型和 AMD-VMD-ARIMA 二次分解集成模型预测精度的影响,进而给出有利于提高预报期分解集成模型综合预测精度的寻优准则。

3.3.3.2　实验结果分析

(1)单一模型的不同优化识别方案的比较分析

以样本数 $N=54$ 的实测径流序列(Observed)为例,给出两种 PRFM 模型寻优范围、4 种 ARIMA 模型寻优范围在 BIC 和 MSE 两种优化准则下的模型识别及有效性检验结果,如表 3-3 所示。结果显示,不同的模型优化方案均能识别到有效模型,但采用不同寻优范围和寻优准则在大多数情况下会得到不同的最优模型结构,且在本书比较的有限组寻优范围中,较小的 PRFM 寻优范围下限、较低的 ARIMA 寻优上限,更易于推荐出相对简单的模型结构。

表 3-3   样本数 $N=54$ 的实测径流序列 PRFM 和 ARIMA 模型定阶及评估结果

优化范围	最优模型	准则函数值		残差白噪声检验				拟合效果
		BIC	MSE	LB(6)	$P(6)$	LB($N/4$)	$P(N/4)$	
PRFM[1,10]	PRFM(1)	711.1	486221	5.69	0.459	12.67	0.474	显著有效
	PRFM(10)	733.1	376301	4.89	0.558	10.94	0.616	显著有效
PRFM[2,10]	PRFM(2)	714.6	481762	6.99	0.322	15.82	0.259	显著有效
	PRFM(10)	733.1	376301	4.89	0.558	10.94	0.616	显著有效
ARIMA[0,6]	ARIMA(0,1,6)	658.0	511165	0.25	1	4.12	0.981	显著有效
	ARIMA(5,1,5)	679.8	442101	0.42	0.999	2.57	0.998	显著有效
ARIMA[0,10]	ARIMA(0,1,10)	609.1	407351	0.64	0.996	1.86	0.999	显著有效
	ARIMA(0,1,10)	609.1	407351	0.64	0.996	1.86	0.999	显著有效
ARIMA[0,$N/4$]	ARIMA(13,1,0)	582.5	417094	0.31	0.999	3.05	0.980	显著有效
	ARIMA(0,1,10)	609.1	407351	0.64	0.996	1.86	0.999	显著有效
ARIMA[0,$N/3$]	ARIMA(17,1,0)	543.6	414636	0.87	0.99	3.80	0.924	显著有效
	ARIMA(0,1,14)	566.3	353588	0.67	0.995	3.00	0.981	显著有效

注:不同准则函数值下划线标记的含义是当前最优模型对应的定阶准则,LB 和 P 为白噪声检验的统计量和 P 值。

进一步,采用表 3-3 中相同的优化方案对样本数 $N=35\sim54$ 的实测径流序列进行模型识别,得到不同优化范围下 BIC 和 MSE 两种准则的最优模型,进而以最优模型进行预报期 20 年的滚动预报,给出不同优化方案下最优模型模拟精度(20 组训练期模拟精度的平均值)和预测精度的结果,如表 3-4 所示。

由表 3-4 可知,在 BIC 准则下,最佳模拟精度的优化范围为 PRFM[2,10]和 ARIMA[0,$N/3$],最佳预测精度的优化范围为 PRFM[1,10]和 ARIMA[0,6];在 MSE 准则下,两种 PRFM 优化范围得到相同的模拟和预测效果,ARIMA 的最佳模拟精度的优化范围为[0,$N/3$],最佳预测精度的优化范围为[0,6]。由此可见,基于模拟精度和预测精度的评估,会推荐得到不同的最佳优化方案。但仅从预报角度看,BIC 和 MSE 两种准则,均是 PRFM[1,10]和 ARIMA[0,6]为有利于提高预测精度的最佳优化范围,即 PRFM[1,10]和 ARIMA[0,6]相较于其他几种优化方案更易于推荐出相对简单的模型结构,有利于总体的外推预报效果。此外,对比 BIC 和 MSE 两种准则的预测精度,BIC 准则的 RMSE、SDPE 优于 MSE 准则,两种准则的 MAE、

MAPE 较为接近,总体上 BIC 准则更有利于模型预报效果,但其是否显著更优将在后文进一步检验。

表 3-4　实测径流序列 20 年预报期最优模型的平均模拟精度和滚动预测精度指标结果

精度类型	优化方案	MAE /(m³/s)	RMSE /(m³/s)	MAPE /%	SDPE /%
平均模拟精度（BIC 准则）	PRFM[1,10]	589	705	13.05	15.20
	PRFM[2,10]	569	685	12.56	14.72
	ARIMA[0,6]	588	694	13.13	15.34
	ARIMA[0,10]	492	630	10.90	13.58
	ARIMA[0,N/4]	505	635	11.21	13.84
	ARIMA[0,N/3]	481	607	10.66	13.27
滚动预测精度（BIC 准则）	PRFM[1,10]	596	786	13.17	17.49
	PRFM[2,10]	657	898	15.36	20.86
	ARIMA[0,6]	618	852	13.69	13.69
	ARIMA[0,10]	667	928	14.37	20.31
	ARIMA[0,N/4]	739	964	16.13	21.18
	ARIMA[0,N/3]	744	1089	16.55	24.54
平均模拟精度（MSE 准则）	PRFM[1,10]	474	585	10.52	12.69
	PRFM[2,10]	474	585	10.52	12.69
	ARIMA[0,6]	544	663	12.13	14.58
	ARIMA[0,10]	492	628	10.91	13.56
	ARIMA[0,N/4]	488	624	10.83	13.54
	ARIMA[0,N/3]	463	576	10.32	12.72
滚动模拟精度（MSE 准则）	PRFM[1,10]	2374	2913	51.18	59.92
	PRFM[2,10]	2374	2913	51.18	59.92
	ARIMA[0,6]	616	917	13.36	19.87
	ARIMA[0,10]	701	953	15.20	21.01
	ARIMA[0,N/4]	687	942	14.93	20.73
	ARIMA[0,N/3]	775	1056	17.36	23.69

注:上表平均模拟精度为 20 组训练期径流序列模拟精度的平均值。

（2）分解集成模型的不同优化方案的比较分析

在单一模型优化方案研究的基础上,进一步进行分解集成模型的优化方案比较研究,寻优范围与(1)中给出的 PRFM[1,10]和 ARIMA[0,6]为最佳寻优范围这一结论相一致。在此基础上,进一步分析 BIC 和 MSE 两种优化准则对预报效果的影响,表 3-5 给出了两种准则下的不同预报模型的预测精度结果,从 MAE、RMSE、MAPE、SDPE 等精度指标比较来看,两种准则未能表现出明显且一致的优劣规律。

表 3-5　　　　　　　**BIC 和 MSE 优化准则下的不同预报模型的预测精度结果**

优化准则	预报模型方案名称	MAE /(m³/s)	RMSE /(m³/s)	MAPE /%	SDPE /%
BIC 准则	ARIMA	618	852	13.69	13.69
	VMD-ARIMA	642	843	15.04	20.46
	AMD(mean)-VMD-ARIMA	659	860	15.30	20.71
	AMD(mut_t)-VMD-ARIMA	665	881	15.45	20.78
	AMD(mut2_t)-VMD-ARIMA	666	895	15.45	21.04
	AMD(period)-VMD-ARIMA	664	855	14.49	18.23
	AMD(mut_t_p)-VMD-ARIMA	669	854	14.49	17.79
	AMD(mut2_t_p)-VMD-ARIMA	675	893	14.80	18.62
MSE 准则	ARIMA	616	917	13.36	19.87
	VMD-ARIMA	645	855	15.10	20.77
	AMD(mean)-VMD-ARIMA	659	861	15.31	20.71
	AMD(mut_t)-VMD-ARIMA	653	872	15.17	20.49
	AMD(mut2_t)-VMD-ARIMA	653	890	15.18	20.87
	AMD(period)-VMD-ARIMA	668	855	14.57	18.23
	AMD(mut_t_p)-VMD-ARIMA	674	858	14.61	17.89
	AMD(mut2_t_p)-VMD-ARIMA	683	897	14.97	18.70

注:本表中不同 AMD 模型代表的含义见本章表 3-1。

因此,采用 DM 显著性检验,研究 BIC 准则识别的最优模型较于 MSE 准则是否存在显著性的优势,结果如表 3-6 所示。其中,DM 检验采用平均绝对误差(MAE)和均方误差(MSE)两种误差函数。在表 3-6 中,统计量 DM 为小于 0 时,代表 BIC 准则优于 MSE 准则。结果表明:8 种预报模型方案中,两种误差函数下的 BIC 准则存在优势的个数分别为 5 和 6 个,占比超过 1/2;若以 10% 为显著性水平,BIC 准则存在显著优势的模型个数均为 1 个,不存在 MSE 准则有显著性优势的模型。综上所述,从有利于预报效果的角度,本书推荐采用 BIC 准则进行单一 ARIMA 模型和分解集成预报中的 ARIMA 模型识别。

表 3-6　　　　　　BIC 准则较于 MSE 准则的最优模型 DM 显著性检验结果

预报模型方案名称	LOSS 函数为 MAE		LOSS 函数为 MSE	
	DM	P 值	DM	P 值
ARIMA	0.025	0.980	-0.753	0.460
VMD-ARIMA	-0.345	0.734	-1.783	0.091
AMD(mean)-VMD-ARIMA	-0.148	0.884	-0.458	0.652
AMD(mut_t)-VMD-ARIMA	1.363	0.189	1.190	0.249
AMD(mut2_t)-VMD-ARIMA	1.643	0.117	0.766	0.453
AMD(period)-VMD-ARIMA	-1.067	0.299	-0.007	0.995
AMD(mut_t_p)-VMD-ARIMA	-1.576	0.132	-1.615	0.123
AMD(mut2_t_p)-VMD-ARIMA	-2.403	0.027	-1.224	0.236
BIC 优于 MSE 准则的模型个数	5		6	

注：表中的下划线代表 10% 显著水平，置信区间为 $[-1.65,1.65]$ 时，BIC 显著优于 MSE 准则。

3.4　分解集成策略对预报模型的影响研究

在 3.3 节的 VMD 分解结果和基于多级分解的 ARIMA 模型最佳优化识别方案的基础上，开展本节的实验研究，分析 VMD 分解和 AMD-VMD 二次分解对径流随机特性、模型结构、模型性能 3 个方面的影响规律。

本节的研究数据采用与 3.3.1 节相同的溪洛渡水库代表站 55 年的径流资料，即以样本数变化范围为 35～54 年的实测径流序列作为模型构建的训练期数据，进行 20 年预报期的逐年单步滚动预报。

3.4.1　分解集成对序列随机特性的影响分析

在随机特性方面，分析 VMD 和 AMD-VMD 分解对实测序列（Observed）平稳性和自相关性的影响，其中 AMD 分解选择表 3-2 中的 AMD（mean）、AMD（mut_t）、AMD（period）、AMD（mut_t_p）等 4 种方法。采用 ADF 检验和 Ljung-Box 检验分别对不同分解方法的子序列进行平稳性和自相关性检验。

以样本数 $N=54$ 的实测径流序列（Observed）为例，给出 VMD 分解和 4 种 AMD-VMD 分解子序列的 ADF 平稳性结果和 Ljung-Box 检验的 6 阶自相关系数 $QLB(6)$，如表 3-7 所示。从不同角度对表 3-7 的结果进行分析：①平稳性检验表明，AMD 将实测序列分解为非平稳的确定性成分（Determ）和平稳的随机性成分

(Resid),VMD 分解将实测序列分解为非平稳和多个平稳分量,Resid 序列的 VMD 分解子序列的平稳和非平稳性不呈现固定的规律,但周期成分分离的 Resid 序列的 VMD 分解子序列更趋向于平稳;②独立性检验表明,分解前的实测序列和 Resid 序列均表现出较弱的自相关性,AMD 分解的 Determ 序列及 VMD 分解后子系列的相关性均大幅增加;③对比子序列的平稳性和独立性的关系,平稳性和独立性之间未显示出必然联系,VMD 分解对平稳性不存在固定规律,但明显地增加了子序列的自相关性。因此,可以得出结论:AMD 和 VMD 分解可以提取实测序列中的非平稳成分,将实测序列进行平稳化处理;以 VMD 为代表的信号分解对任意序列的影响中呈现相对确定的规律是子序列自相关性的提升,即过去规律对未来的延续程度得到较大提高,而自相关性代表时间序列的可预测性。

表 3-7　样本数 $N=54$ 的实测径流及不同分解方法子序列的平稳性和自相关性检验结果

序号	分解方法	序列名称	能量	平稳性	QLB(6)
0	无分解	Observed	1135254758	非平稳	5.420
1	VMD 分解	Observed-u0	1110232082	非平稳	221.650
		Observed-u1	7422890	平稳	132.240
		Observed-u2	3284914	平稳	95.530
		Observed-u3	4633051	平稳	97.490
		Observed-u4	3358728	平稳	203.670
2	AMD(mean)-VMD	Determ(mean)	1108617139	非平稳	314.222
		Resid(mean)	26637619	平稳	5.420
		Resid(mean)-u0	4495716	非平稳	105.720
		Resid(mean)-u1	5475747	非平稳	128.260
		Resid(mean)-u2	3194079	非平稳	101.380
		Resid(mean)-u3	4549979	非平稳	99.050
		Resid(mean)-u4	3346744	非平稳	205.090
3	AMD(mut_t)-VMD	Determ(mut_t)	1110190223	非平稳	151.175
		Resid(mut_t)	23896700	平稳	4.770
		Resid(mut_t)-u0	6387188	平稳	109.760
		Resid(mut_t)-u1	1906460	非平稳	101.110
		Resid(mut_t)-u2	2733153	非平稳	106.360
		Resid(mut_t)-u3	4103891	非平稳	105.080
		Resid(mut_t)-u4	3310873	平稳	220.810

序号	分解方法	序列名称	能量	平稳性	QLB(6)
4	AMD(period)-VMD	Determ(period)	1114768363	非平稳	127.582
		Resid(period)	20486395	平稳	1.130
		Resid(period)-u0	2198906	平稳	193.800
		Resid(period)-u1	2916837	平稳	113.550
		Resid(period)-u2	3108447	平稳	105.380
		Resid(period)-u3	4483781	平稳	100.340
		Resid(period)-u4	3338240	平稳	206.120
5	AMD(mut_t_p)-VMD	Determ(mut_t_p)	1115621001	非平稳	53.331
		Resid(mut_t_p)	18708592	平稳	2.898
		Resid(mut_t_p)-u0	3827032	平稳	85.630
		Resid(mut_t_p)-u1	2323437	平稳	115.070
		Resid(mut_t_p)-u2	2428275	平稳	120.890
		Resid(mut_t_p)-u3	1994123	平稳	111.050
		Resid(mut_t_p)-u4	3124947	平稳	115.430
		Resid(mut_t_p)-u5	1182313	平稳	114.120

下面进一步量化研究 VMD 分解和 AMD-VMD 分解对径流序列自相关性的影响程度。采用 3.2.3 节中式(3-4)给出的综合自相关性指标(CQLB)对不同分解方法的子序列综合自相关性进行量化分析,比较综合自相关性相较于实测序列的变化。

以 AMD(period)为加法分解的代表,给出 VMD、AMD、AMD-VMD 等不同分解方法子序列自相关系数 CQLB 和实测径流序列的自相关系数 QLB 随序列样本数($N=35\sim54$)的变化过程,如图 3-9 所示。其中,图 3-9(a)为实测序列自相关系数 Observed-QLB 和 VMD 分解的综合自相关系数 VMD-CQLB;图 3-9(b)为 AMD 分解的确定性成分 Determ-QLB、随机性成分 Resid-QLB,及二者的综合自相关性 AMD-CQLB;图 3-9(c)随机序列 Resid 的 VMD 分解子序列的综合自相关性 Resid-VMD-CQLB 与 Resid-QLB 的对比;图 3-9(d)中 AMD-VMD-CQLB 是由 Determ 序列和 Resid 的 VMD 子序列能量加权的综合 CQLB。

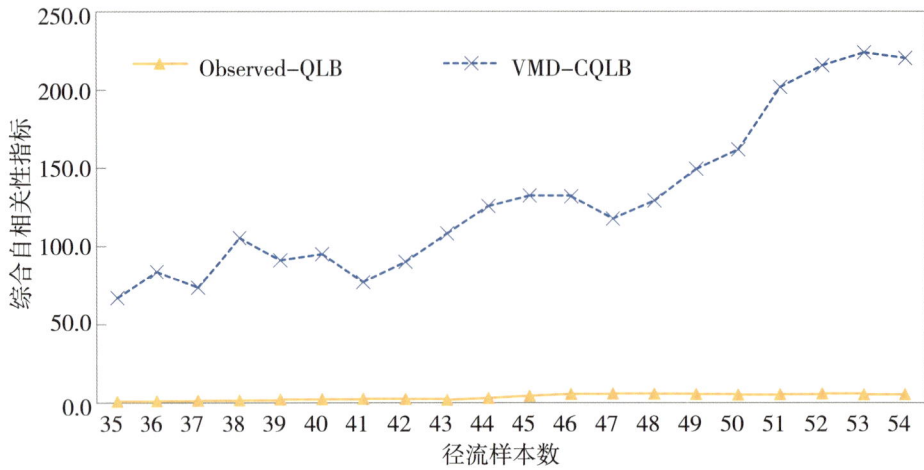

（a）Observed-VMD

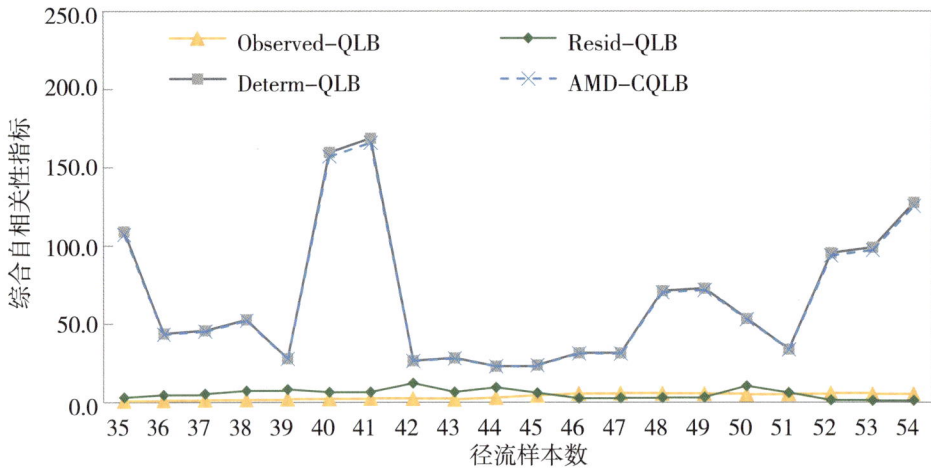

（b）Observed-AMD（period）

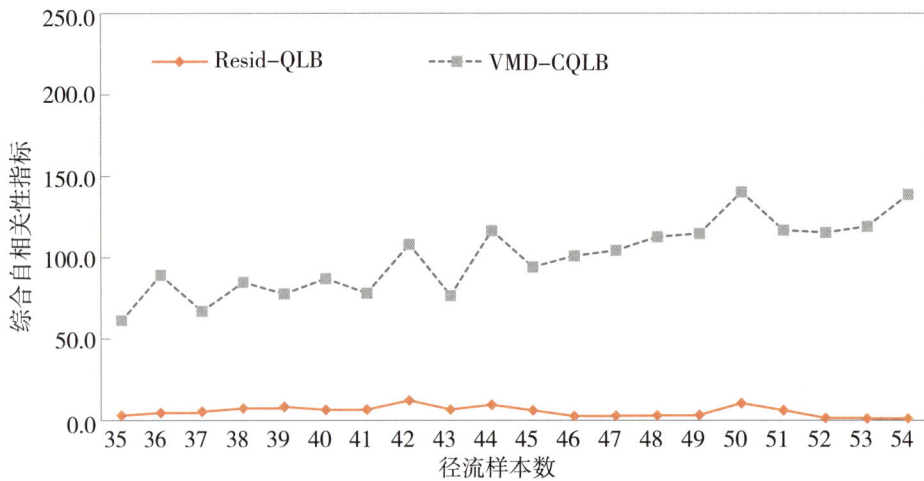

（c）Resid（period）-VMD

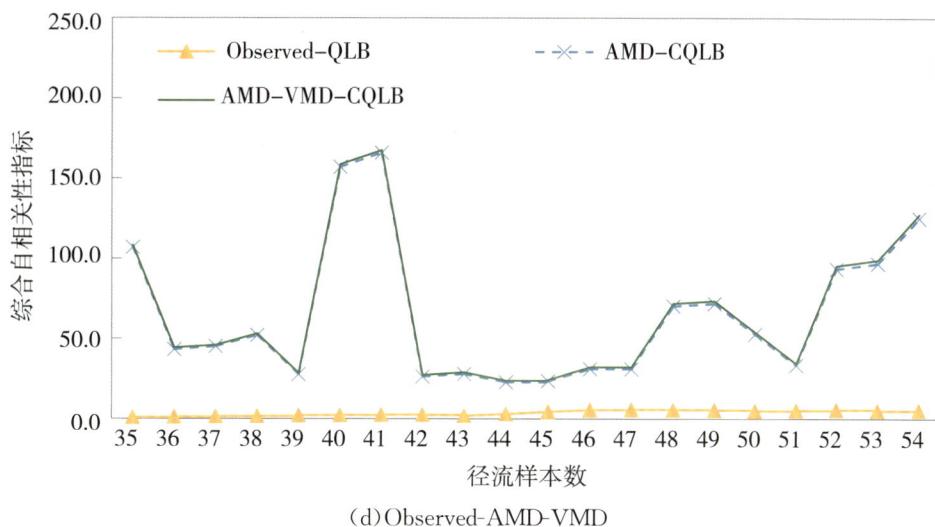

(d) Observed-AMD-VMD

图 3-9　不同分解方法的径流子序列综合自相关系数随样本数的变化

由图 3-9(a)和图 3-9(c)可见,实测序列及 Resid 序列在样本数从 35～54 变化时,QLB 基本在小于 15 的范围内变化,而 VMD-CQLB 总体上相较于原序列 QLB 得到了大幅提高,随着样本数的增加呈现不同程度的波动上升趋势,Resid 序列的上升趋势较实测更为缓慢。由图 3-9(b)可知,AMD 分解显著提高确定性成分 Determ 的自相关性,但 Resid 成分自相关性总体变化相对较小,加之 Determ 成分的能量约为 Resid 的 64.4 倍,因此 AMD-CQLB 与 Determ-QLB 较为接近。由图 3-9(d)可知,虽然 VMD 较大地提高了 Resid 的综合自相关性,但由于 Resid 能量的占比较 Determ 偏小,因此 AMD-VMD-CQLB 较于 AMD-CQLB 的增加不明显。

为比较不同分解策略对变化样本数的实测序列和随机成分 Resid 的综合自相关系数的总体影响情况,表 3-8 给出了 20 组径流序列(样本数 $N=35\sim54$)的平均 QLB 和 CQLB 指标。表头中"分解方法名称"对应 Observed-VMD 时,代表实测序列(Observed)的 VMD 分解,不存在 AMD 分解,AMD-VMD 分解即为直接 VMD 分解;对于表头中其他的名称 Observed-QLB、Determ-QLB、Resid-QLB、AMD-CQLB、VMD-CQLB、AMD-VMD-CQLB 等的含义与图 3-9 相同。图 3-10 给出了不同分解方法对序列综合自相关性的提升效果,图 3-10(a)为 VMD-CQLB 较于 Observed 和不同 Resid 序列 QLB 的提升倍数,图 3-10(b)为 AMD-VMD-CQLB 较于 AMD-CQLB 的提升倍数,图 3-10(c)为不同分解方法的 CQLB 较于实测序列 Observed-QLB 的提升倍数。

表 3-8　　采用 AMD 和 VMD 分解的变化径流序列(N=35~54)平均 CQLB 比较

分解方法名称	Observed-QLB	AMD 分解			AMD-VMD 二次分解	
		Determ-QLB	Resid-QLB	AMD-CQLB	VMD-CQLB	AMD-VMD-CQLB
Observed-VMD	3.765	—	—	—	133.96	
AMD(mean)-VMD		270.08	3.76	263.8	122.18	266.93
AMD(mut_t)-VMD		114.78	2.87	112.38	102.72	114.53
AMD(period)-VMD		69.31	5.21	68.22	101.34	69.60
AMD(mut_t_p)-VMD		47.96	5.49	47.29	109.26	48.43

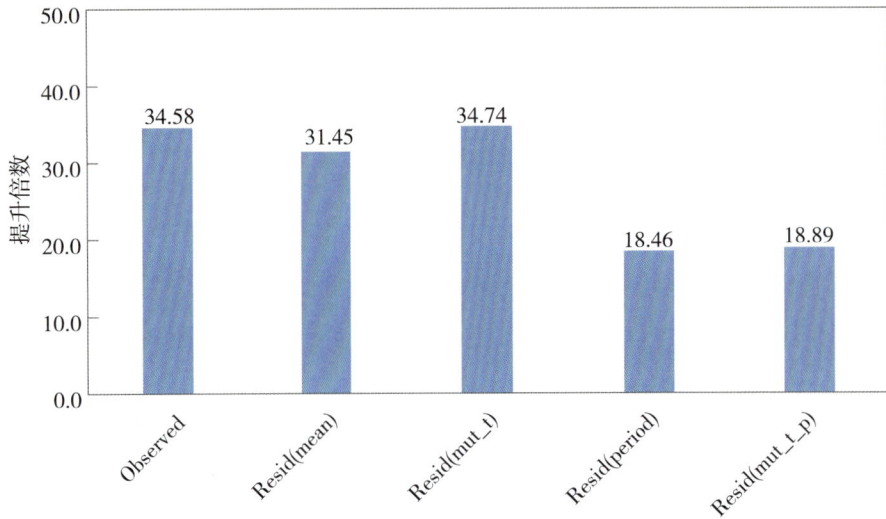

(a)VMD-CQLB 与 Resid-QLB 比较

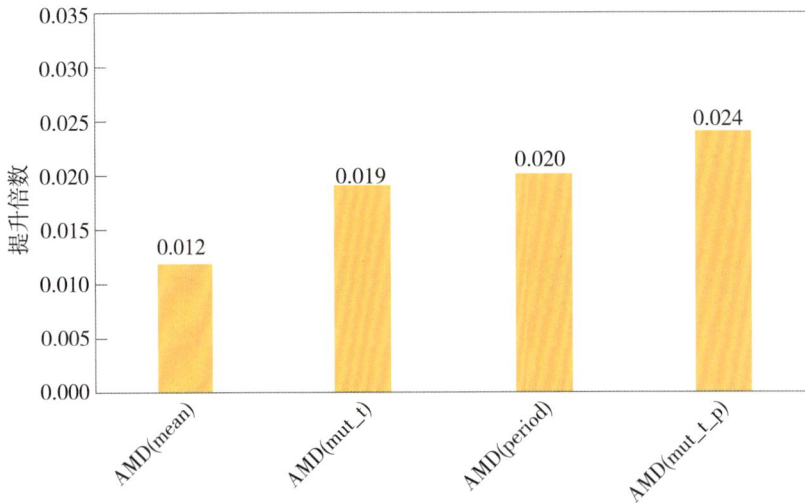

(b)AMD-VMD-CQLB 与 AMD-CQLB 比较

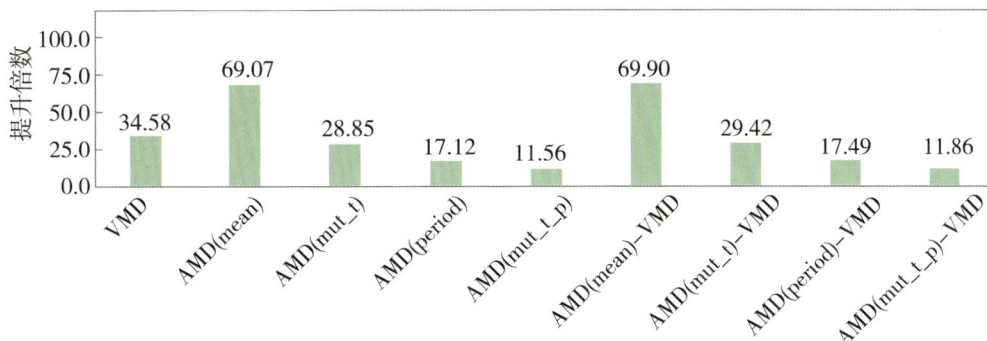

（c）不同分解方法与 Observed-QLB 比较

图 3-10　不同分解方法对径流序列平均综合自相关性 CQLB 的提升效果比较

表 3-8 和图 3-10 的结果表明：①VMD 分解、4 种 AMD 分解和 4 种 AMD-VMD 二次分解方法得到的综合 CQLB 均大于实测径流的 QLB(3.765)，但不同的 AMD 分解的效果存在差异；②VMD 分解的应用提升了被分解序列的综合自相关性，VMD 对实测序列和 4 组 Resid 序列的 QLB 提升了 18～35 倍，进而 AMD-VMD-CQLB 较于 AMD-CQLB 也有所提升，AMD-VMD 二次分解比 AMD 的综合 CQLB 提高 1.2%～2.4%；③比较 VMD 和 AMD-VMD 对实测序列 QLB 的效果，除 AMD (mean)提高以外，其他 AMD-VMD 二次分解的提升效果均比单一 VMD 分解有所下降。

总体上，从实测序列的综合相关性系数提高效果看，AMD(mean)-VMD 模型和 AMD(mean)模型优于 VMD 模型，优于其他 AMD-VMD 分解及其他 AMD 模型。

3.4.2　分解集成对模型结构复杂度的影响分析

以样本数 $N=35～54$ 的实测径流序列（Observed）为训练期径流数据分别构建 20 个预报年的单步预报模型，分析 VMD 分解对 ARIMA 模型结构的影响。本节 ARIMA 模型优化方案采用 3.3 节实验结果的 ARIMA[0,6]作为最佳寻优范围，优化准则除 BIC 以外，采用 MSE 准则作为对照，采用 3.2.3 节中式(3-5)计算模型复杂度指标(SCM)。

以样本数 $N=54$ 的径流序列为例，给出 BIC 和 MSE 两种准则下实测序列 Observed 的 ARIMA 优化模型优化结构和 VMD 分解的 u0～u4 共 5 子序列的优化模型结构及模型复杂度指标 SCM，如表 3-9 所示。由表 3-9 可知，两种准则下 5 个子序列 ARIMA 模型复杂度为 8～11，VMD-ARIMA 集成模型的复杂度分别为 40 和 45，较实测序列的单一 ARIMA 模型的复杂度 7 和 11 均有所增加。

表 3-9　样本数 $N=54$ 实测径流的 ARIMA 和 VMD-ARIMA 模型结构及复杂度的比较

模型名称	BIC 准则的优化结构				MSE 准则的优化结构			
	p	d	q	SCM	p	d	q	SCM
Observed-ARIMA	0	1	6	7	5	1	5	11
u0-ARIMA	2	1	6	9	5	1	5	11
u1-ARIMA	6	0	1	7	3	0	5	8
u2-ARIMA	6	0	2	8	5	0	4	9
u3-ARIMA	6	0	2	8	6	0	3	9
u4-ARIMA	2	0	6	8	2	0	6	8
VMD-ARIMA	—			40	—			45

进一步给出实测径流的 ARIMA 和 VMD-ARIMA 模型复杂度随训练期样本数 $N=35\sim54$ 的变化过程,如图 3-11 所示。由图 3-11 可知,实测径流数据的 ARIMA 和 VMD-ARIMA 复杂度随训练期径流样本数的增加而存在一定波动,表明模型最优模型结构随训练期的变化而不同,计算变化训练期的 20 组最优模型的平均复杂度 CSM 指标,BIC 和 MSE 两种准则下 ARIMA 模型的平均复杂度分别为 7 和 8.9,VMD-ARIMA 模型复杂度分别为 35 和 40.3,VMD 分解对单一 ARIMA 模型的结构复杂度增加倍数分别为 4 倍和 3.5 倍。此外,AMD-VMD 二次分解对 AMD-FM 模型结构复杂度的影响,其实质是分析 VMD 分解对 AMD 随机成分 Resid 的 VMD-ARIMA 模型最优结构的改变,可采用前述同样的对比方法,本节不作进一步展开阐述。

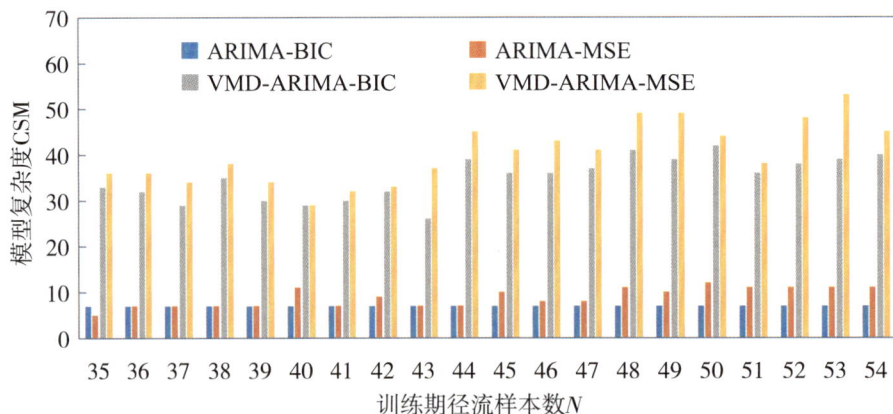

图 3-11　实测径流的 ARIMA 和 VMD-ARIMA 模型复杂度随样本数 $N=35\sim54$ 的变化过程

3.4.3 分解集成对模型性能的影响分析

按照 3.2.2.2 节的模型预报体系框架,设计 15 种预报模型方案:除 PRFM、ARIMA、VMD-ARIMA 以外,AMD-FM 采用表 3-1 中的 6 种组成模式,相应地构建 6 种 AMD-VMD-ARIMA 模型方案。本节模型优化识别采用 3.3 节研究结论给出的最佳寻优范围 PRFM[1,10]和 ARIMA[0,6],优化准则为 BIC 准则。表 3-10 中给出了 15 种预报模型方案的训练期平均模拟精度和滚动预测精度。其中,各模型方案下的平均模拟精度均为样本数 $N=35\sim54$ 的历史序列所构建的 20 组模型的精度平均值,预测精度为 20 年预报期的滚动预测精度。

表 3-10 不同模型方案(BIC 准则)的模拟和预测精度评价结果

精度类型	编号	模型方案名称	MAE /(m³/s)	RMSE /(m³/s)	MAPE /%	SDPE /%
训练期平均模拟精度	M1	PRFM	569	685	12.56	14.72
	M2	ARIMA	588	694	13.13	15.34
	M3	AMD(mean)-FM	589	694	13.11	14.99
	M4	AMD(mut_t)-FM	551	657	12.30	14.23
	M5	AMD(mut2_t)-FM	531	637	11.85	13.83
	M6	AMD(period)-FM	431	556	9.61	12.12
	M7	AMD(mut_t_p)-FM	413	539	9.16	11.69
	M8	AMD(mut2_t_p)-FM	398	524	8.84	11.41
	M9	VMD-ARIMA	103	123	2.32	2.77
	M10	AMD(mean)-VMD-ARIMA	105	127	2.37	2.90
	M11	AMD(mut_t)-VMD-ARIMA	99	119	2.25	2.79
	M12	AMD(mut2_t)-VMD-ARIMA	96	116	2.19	2.69
	M13	AMD(period)-VMD-ARIMA	98	117	2.22	2.68
	M14	AMD(mut_t_p)-VMD-ARIMA	76	93	1.74	2.13
	M15	AMD(mut2_t_p)-VMD-ARIMA	76	94	1.73	2.14
滚动预报精度	M1	PRFM	596	786	13.17	17.49
	M2	ARIMA	618	852	13.69	13.69
	M3	AMD(mean)-FM	626	768	13.64	16.74
	M4	AMD(mut_t)-FM	649	841	14.78	18.34
	M5	AMD(mut2_t)-FM	703	932	16.43	19.98

精度类型	编号	模型方案名称	MAE /(m³/s)	RMSE /(m³/s)	MAPE /%	SDPE /%
	M6	AMD(period)-FM	651	818	13.93	16.44
	M7	AMD(mut_t_p)-FM	678	908	15.13	18.84
	M8	AMD(mut2_t_p)-FM	748	968	16.95	18.98
	M9	VMD-ARIMA	642	843	15.04	20.46
滚动预报 精度	M10	AMD(mean)-VMD-ARIMA	659	860	15.30	20.71
	M11	AMD(mut_t)-VMD-ARIMA	665	881	15.45	20.78
	M12	AMD(mut2_t)-VMD-ARIMA	666	895	15.45	21.04
	M13	AMD(period)-VMD-ARIMA	664	855	14.49	18.23
	M14	AMD(mut_t_p)-VMD-ARIMA	669	854	14.49	17.79
	M15	AMD(mut2_t_p)-VMD-ARIMA	675	893	14.80	18.62

注:本表中不同 AMD 分解方法代表的含义见表 3-1,平均模拟精度为 20 组训练期模拟精度的平均值。

对表 3-10 中 15 种预报模型方案的精度评价结果进行分析:①平均模拟精度显示,AMD-VMD-ARIMA 模型,优于 VMD-ARIMA 模型,优于含周期成分的 AMD-FM 模型,优于不含周期成分的 AMD-FM 模型、单一 ARIMA 和 PRFM 模型。可见,含周期成分的 AMD 分解和 VMD 分解的模型均能提高训练期的拟合精度,其中 VMD 分解对拟合精度的优化效果大于含周期成分的 AMD 分解,且 AMD 和 VMD 的组合效果优于单一的 AMD 或 VMD 分解方法;②预测精度显示,4 个精度评价指标未能给出一致的模型优劣结论,且从不同模型方案之间精度的差异(波动)看,15 个模型的预测精度相对于拟合精度的差异程度更小,且含周期分离的 AMD 分解和 VMD 分解的模拟精度显著高于预测精度,其他模型方案预报和拟合精度更为接近;③分别将 MAE、RMSE、MAPE、SDPE 模拟精度和预测精度组成长度为 15 的样本序列,对二者进行秩相关分析,见表 3-11。结果显示,MAE 具有显著的负相关性,其他 3 个指标具有不显著的负相关性。可见,不同的误差度量指标从不同程度上反映了模型模拟精度和外推预测精度存在一定的负相关性,表明模型拟合的历史规律未必可以用于预测未来发展趋势,建模时需要选择适度的历史拟合精度。

表 3-11　　　预报模型方案的模拟精度和预测精度指标样本(15 组)的相关性检验

名称	Kendall 秩相关系数	P 值	结论
MAE	−0.390	0.046	显著负相关
RMSE	−0.143	0.495	不显著负相关
MAPE	−0.153	0.428	不显著负相关
SDPE	−0.181	0.379	不显著负相关

为量化分析 VMD 分解集成策略对单一 ARIMA 及不同 AMD-FM 模型性能的影响,基于有、无对比分析原则,进行有、无 VMD 分解的模型模拟精度和预测精度的比较分析。以 ARIMA 和 AMD-FM 为 VMD 分解前的基准模型,计算基于 VMD 分解集成策略的模型相较于基准模型模拟精度和预测精度的变化率,结果如表 3-12 所示。

表 3-12　　　有 VMD 模型较于无 VMD 模型的平均模拟精度和预测精度变化率统计

精度类型	无 VMD 分解的模型	有 VMD 分解的模型	精度指标变化率/%			
			MAE	RMSE	MAPE	SDPE
训练期平均模拟精度	ARIMA	VMD-ARIMA	−82.5	−82.3	−82.3	−81.9
	AMD(mean)-FM	AMD(mean)-VMD-ARIMA	−82.2	−81.7	−81.9	−80.7
	AMD(mut_t)-FM	AMD(mut_t)-VMD-ARIMA	−82.0	−81.9	−81.7	−80.4
	AMD(mut2_t)-FM	AMD(mut2_t)-VMD-ARIMA	−81.9	−81.8	−81.5	−80.5
	AMD(period)-FM	AMD(period)-VMD-ARIMA	−77.3	−79.0	−76.9	−77.9
	AMD(mut_t_p)-FM	AMD(mut_t_p)-VMD-ARIMA	−81.6	−82.7	−81.0	−81.8
	AMD(mut2_t_p)-FM	AMD(mut2_t_p)-VMD-ARIMA	−80.9	−82.1	−80.4	−81.2
滚动预报精度	ARIMA	VMD-ARIMA	3.9	−1.1	9.9	49.5
	AMD(mean)-FM	AMD(mean)-VMD-ARIMA	5.3	12.0	12.2	23.7
	AMD(mut_t)-FM	AMD(mut_t)-VMD-ARIMA	2.5	4.8	4.5	13.3
	AMD(mut2_t)-FM	AMD(mut2_t)-VMD-ARIMA	−5.3	−4.0	−6.0	5.3
	AMD(period)-FM	AMD(period)-VMD-ARIMA	2.0	4.5	4.0	10.9
	AMD(mut_t_p)-FM	AMD(mut_t_p)-VMD-ARIMA	−1.3	−5.9	−4.2	−5.6
	AMD(mut2_t_p)-FM	AMD(mut2_t_p)-VMD-ARIMA	−9.8	−7.7	−12.7	−1.9

分析表 3-12 的结果可知:①模拟精度的 4 个误差指标的变化率范围为 −76.9%~−82.5%,反映了训练期模拟误差较大幅度的减小,即模型的历史模拟性能得到了明显的优化;②在预测精度方面,基准模型为 ARIMA 模型时,仅 RMSE 减小了 1.1%,其他指标未得到优化,尤其是表征相对误差的稳定性指标 SDPE 增加了 49.5%,以

AMD(mut_t_p)和 AMD(mut2_t_p)为基准模型时,4 个误差指标减小了 1.3%～12.7%,表明 VMD 对模型预报性能有所优化,但优化率不及模拟精度优化效果明显,其他 AMD-FM 为基准的模型未得到优化或仅有部分指标得到较小的优化。

3.5 不同分解集成预报模型的有效性分析

以 3.4.3 节表 3-10 中 15 种预报模型的滚动预报结果为研究数据,对 VMD 分解及 AMD、AMD-VMD 等多级分解集成预报模型进行有效性分析,比较不同模型的预报效果以推荐出相对较优的年径流预报结果并对预报不确定性进行分析。

3.5.1 VMD 分解对预报模型的有效性分析

为进一步辨识 VMD 分解对预报模型的有效性,基于有、无对比分析原则,进行有、无 VMD 分解的模型预报效果差异显著性检验,DM 检验结果如表 3-13 所示,基准模型代表无 VMD,组合 VMD-ARIMA 的模型代表有 VMD。表 3-13 中给出了 MAE 和 MSE 两种误差函数的 DM 检验结果,DM 值小于 0 代表有 VMD 优于无 VMD,两种误差函数下有优于无的对比方案分别为 3 种和 4 种,且 DM 均落在 10% 显著性水平的置信区间 $[-1.65, 1.65]$ 之间,说明检验结果为差异性不显著。

本书实验研究中未能得出 VMD 分解有效提高模型预测性能的结论。因此,在研究中,需要根据具体情况来分析 VMD 分解对模型预报能力改善的效果和有效性。

表 3-13 　　有 VMD 分解较于无 VMD 分解的模型预报效果差异显著性检验结果

序号	基准模型 (无 VMD)	组合模型 (有 VMD)	LOSS 为 MAE		LOSS 为 MSE	
			DM	P 值	DM	P 值
1	ARIMA	VMD-ARIMA	0.170	0.867	-0.060	0.953
2	AMD(mean)-FM	AMD(mean)-VMD-ARIMA	0.299	0.768	0.945	0.356
3	AMD(mut_t)-FM	AMD(mut_t)-VMD-ARIMA	0.178	0.861	0.642	0.528
4	AMD(mut2_t)-FM	AMD(mut2_t)-VMD-ARIMA	-0.508	0.617	-0.809	0.428
5	AMD(period)-FM	AMD(period)-VMD-ARIMA	0.190	0.851	0.600	0.556
6	AMD(mut_t_p)-FM	AMD(mut_t_p)-VMD-ARIMA	-0.091	0.928	-0.728	0.476
7	AMD(mut2_t_p)-FM	AMD(mut2_t_p)-VMD-ARIMA	-0.781	0.444	-1.157	0.262
有 VMD 优于无 VMD 的方案种数			3		4	

3.5.2　多级分解集成模型的有效性分析

本书以基于多年平均值的滚动外推预报即 AMD(mean)-FM 为基准模型,作为分解集成模型是否能有效提高预报能力的判别依据,对书中构建的 15 种径流分解集成预报模型方案进行有效性评估。在表 3-10 不同模型预测精度评价结果的基础上,将 15 种预报模型方案的预测精度指标 MAE、RMSE、MAPE、SDPE 与基准模型进行比较,如图 3-12 所示。图 3-12 中 M3 为基准模型 AMD(mean)-FM,M1 和 M2 分别为无分解策略的 PRFM 和 ARIMA 模型,M4~M8 为不同 AMD 分解的集成模型,M9 为 VMD-ARIMA 模型,M10~M15 为 AMD-VMD-ARIMA 二次分解集成模型。

图 3-12(a)至图 3-12(d)的 4 个指标对比结果显示,M1 即 PRFM 以 MAE 和 MAPE 为评价标准时有效;M2 即 ARIMA 以 MAE 和 SDPE 为评价标准时有效;M6 即 AMD(period)-FM 以 SDPE 为标准时有效;其他模型的 4 个误差标准均高于基准模型,即预报效果劣于基准模型。

为进一步评估不同模型与基准模型预报效果差异的显著性,以 MAE 和 MSE 为 DM 检验的误差函数,给出 M1~M15 中除 M3 以外的 14 个模型较于 AMD(mean)预报性能的 DM 检验结果,如图 3-13 所示。结果显示,除 M1(PRFM)以外,其他模型均劣于基准模型;在 0.1 的显著水平下,M8 即 AMD(mut2_t_p)模型在 MSE 误差函数下存在显著性差异;其他模型在 0.1 和 0.05 显著性水平下,均与基准模型预报效果未表现出显著性差异。可见,不论是单一的 AMD 分解、VMD 分解,还是二者组合的 AMD-VMD 二次分解模型,均未能有效提高模型的预报能力。

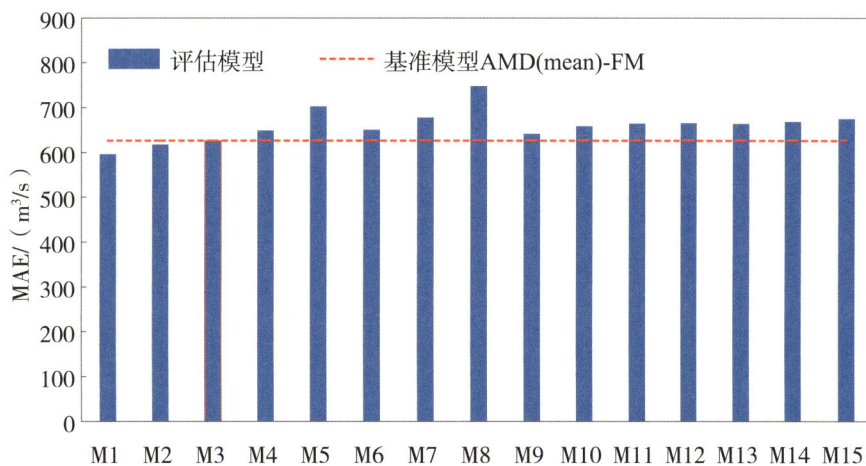

(a)MAE

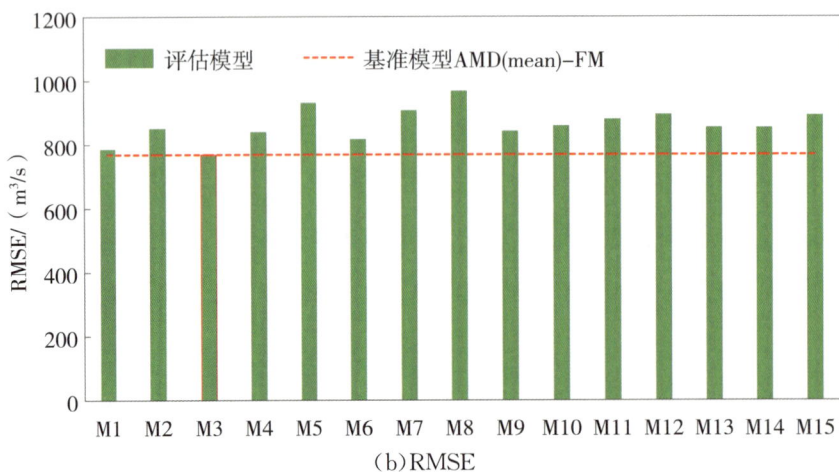

（b）RMSE

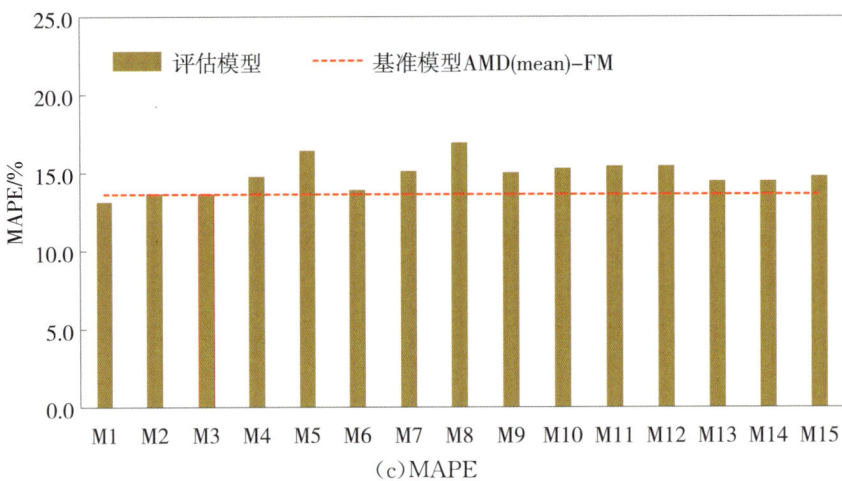

（c）MAPE

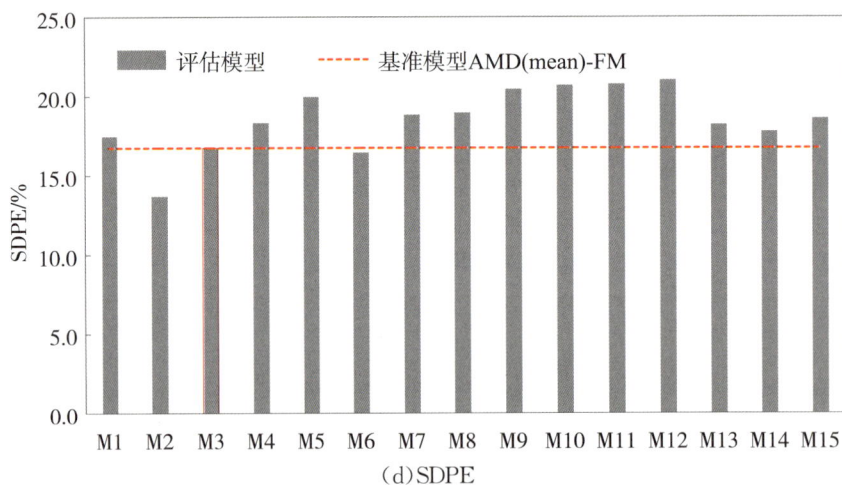

（d）SDPE

图 3-12　15 种预报模型方案与基准模型 AMD(mean)-FM 的预测精度对比

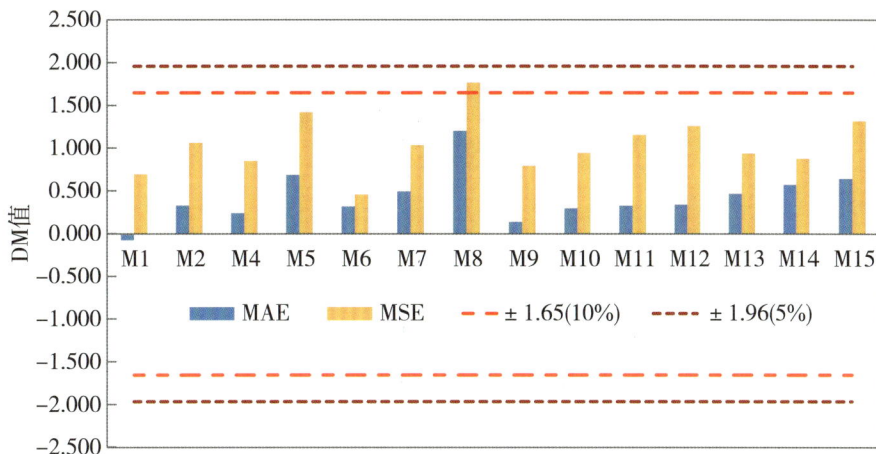

图 3-13　分解集成模型比基准模型 AMD(mean)-FM 的预报效果差异显著性检验结果

3.5.3　不同模型预报效果比较及预报不确定性分析

表 3-10 中 15 个预报模型的预报结果显示不同模型的预报性能存在一定差异,因此本节对不同模型预报效果进行综合比较,为下一章研究提供相对较优的年径流预报结果。由于 4 个精度评价指标未能对 15 个预报模型给出一致的优劣结论,本书引入基于变差系数权重的综合误差评价法,对 15 种预报方案进行预报误差的综合排名。将 15 种模型方案的预测精度指标 MAE、RMSE、MAPE、SDPE 分别组成长度为15 的样本序列,计算 4 类指标的变差系数 $C_v = (0.0520, 0.0583, 0.0666, 0.1032)$,所占权重 = (0.19, 0.21, 0.24, 0.37),进而得到误差的综合排名。15 个模型按综合误差的排名如表 3-14 所示。依据误差排名选择相对较优的 8 个模型依次为 PRFM、AMD(mean)-FM、ARIMA、AMD(period)-FM、AMD(mut_t)-FM、AMD(mut_t_p)-VMD-ARIMA、AMD(period)-VMD-ARIMA、VMD-ARIMA,对年径流预报不确定性进行分析。

表 3-14　　　　　　　　　滚动预测精度指标优劣综合评价

模型编号	误差指标排名					
	MAE	RMSE	MAPE	SDPE	排名加权	综合排名
M1	1	2	1	4	2.33	1
M2	2	6	3	1	2.73	3
M3	3	1	2	3	2.37	2
M4	5	4	7	7	6.06	5

续表

模型编号	误差指标排名					
	MAE	RMSE	MAPE	SDPE	排名加权	综合排名
M5	14	14	14	11	13.03	13
M6	6	3	4	2	3.47	4
M7	13	13	10	9	10.93	11
M8	15	15	15	10	13.30	15
M9	4	5	9	12	8.41	8
M10	7	9	11	13	10.67	10
M11	9	10	12	14	11.87	12
M12	10	12	13	15	13.09	14
M13	8	8	6	6	6.86	7
M14	11	7	5	5	6.61	6
M15	12	11	8	8	9.47	9

注:本表中模型 M1～M15 代表的含义与表 3-8 相同。

根据上述相对较优的 8 组模型预报结果,给出相对预报误差的分布情况如图 3-14 所示,分析相对预报误差样本的随机分布特征,以量化年径流预报的不确定性。

本书采用 Kolmogorov-Smirnov 检验[166](KS 检验)判别预报误差序列是否满足正态分布。KS 检验原假设为:两个样本序列具有一致的分布。在 0.05 的显著性水平下,当 P 值大于 0.05 时,接受原假设,即认为两个序列分布是一致的;当 P 值小于 0.05 时,认为两个样本序列的分布具有统计学差异。给出 8 组模型相对预报误差序列的 KS 检验结果并统计样本的均值、标准差参数,如表 3-15 所示。8 组相对误差序列的 KS 检验 P 值均大于 0.05,表明概率分布与正态分布无显著差异,即满足正态分布;但均值与 0 存在一定偏差,表明误差序列可能存在确定性成分。进一步剔除相对误差序列的趋势成分,剩余成分满足均值为 0 的正态分布,且标准差参数较原序列减小,标准差参数分布为 0.16～0.20;将 8 个模型的相对预报误差组成一个样本,其标准差参数接近于 0.18。本节年径流预报不确定性分析结果为下一章解集模型实验研究中年预报径流随机模拟提供参考依据。

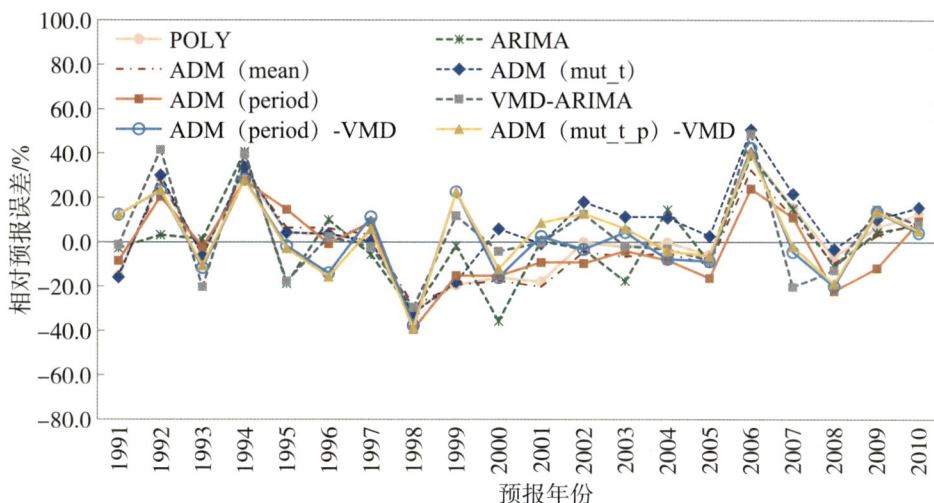

图 3-14 预报效果相对较优的 8 个模型的相对预报误差

表 3-15 不同模型相对预报误差的正态性检验结果

模型名称	相对误差序列				相对误差剔除趋势序列			
	KS 检验	P 值	均值	标准差	KS 检验	P 值	均值	标准差
PRFM	0.131	0.883	0.011	0.1749	0.142	0.814	0	0.1740
ARIMA	0.112	0.963	0.000	0.1872	0.133	0.871	0	0.1864
AMD(mean)	0.143	0.806	−0.005	0.1674	0.141	0.820	0	0.1673
AMD(mut_t)	0.109	0.972	0.071	0.1834	0.199	0.360	0	0.1777
AMD(period)	0.140	0.827	−0.023	0.1644	0.160	0.650	0	0.1617
VMD-ARIMA	0.161	0.640	0.029	0.2046	0.173	0.542	0	0.2045
AMD(period)-VMD	0.097	0.991	0.020	0.1823	0.160	0.650	0	0.1617
AMD(mut_t_p)-VMD	0.089	0.997	0.034	0.1779	0.099	0.990	0	0.1778

3.6 本章小结

针对现有分解集成自适应预报研究存在的对模型适用性影响机制探索不够深入的问题,构建了逐步滚动和多级分解集成的自适应预报模式,从模型优化识别、分解集成作用和模型有效性辨识三个方面提出了自适应分解集成预报模型研究框架,并构建了序列综合自相关系数、模型结构复杂度和模型性能等评价因子以量化分析分解集成策略对模型的作用机制。研究工作基于加法分解(AMD)、VMD 两种分解方法,构建了加法预报模型、VMD-ARIMA、AMD-VMD-ARIMA 等多级分解集成预报模型,以多年平均外推、ARIMA 和多项式回归等为不考虑分解策略的对照模型,以溪洛渡水库为实例对象开展了年入库径流的自适应滚动预报模型研究。

本章主要研究成果和结论如下:

1)以样本数为 35～55 的实测径流序列和 4 种加法模型分解得到剩余随机性成分为输入序列的 VMD 分解结果表明,不同序列的最佳分解子序列个数 K、子序列特性均随样本数的增加而动态变化,且基于傅里叶级数的主周期识别提取了实测序列的部分时频特性,使得剩余随机成分的 VMD 分解子序列随样本数的波动更大,验证了本书提出采用逐步滚动和多级自适应分解模式的必要性。

2)4 种 ARIMA 模型寻优范围(p,q 参数上限分别为 6、10、$N/4$、$N/3$)、两种多项式模型寻优范围([1,10]、[2,10])在 BIC 和 MSE 两种优化准则下的模型优化识别方案对比研究表明,较小的多项式模型寻优下限、较低的 ARIMA 寻优上限及考虑参数个数惩罚的 BIC 准则更易于推荐出相对简单的模型结构,相对简单的 ARIMA 模型优化结果有利于提高集成模型预报效果。

3)针对分解集成策略对模型的作用机制,分析了 VMD、AMD-VMD 等不同分解方法对径流随机特性、模型结构和模型性能的影响。研究结果表明,VMD 分解将原序列的综合自相关性提高了 18～35 倍,AMD-VMD 二次分解亦对径流序列自相关性有不同程度的提高,VMD 分解显著增加了模型结构复杂度,进而优化了模型的拟合性能(4 个误差评价指标减小了 76.9%～82.5%),对预测精度的影响相对较小。

4)不同模型的有效性评估和对比分析结果表明,AMD 分解、VMD 分解及 AMD-VMD 二次分解,均未显著有效提高模型的预报能力,单一 ARIMA 模型或多年平均外推、多项式回归等模型较于分解集成模型具有相对较优的年径流预报效果。因此,选择相对较优的模型预报结果进行预报不确定性分析作为下一章研究的基础。

5)本章以溪洛渡水库径流数据为实例,对有限的分解策略和预报模型进行了研究,虽未对多个流域的径流数据、不同分解方法和预报模型组合开展实验以归纳出更普适性的分解集成模型适用性规律,但所提出考虑分解集成作用机制的预报模型研究框架可应用于其他流域径流预报或其他领域的同类预报问题。

下一章,将在本章年径流预报结果的基础上,开展基于时间解集模型的年内径流过程不确定性预报研究,为水库调度提供年内径流过程预报信息。

第4章　基于时间解集模型的年内径流过程预报研究

4.1　概述

年径流量及其年内分配过程是水库调度决策和运行管理的重要依据。以月（旬）为时间尺度的年内径流过程预报对水资源有效利用和水库中长期调度具有重要的指导意义。目前，年径流过程预报方法包括基于月（旬）时间序列的直接多步预报或针对逐月（旬）建立单独的预报模型。然而，受限于径流本身复杂演化特性及长预见期、多步长等带来的预报不确定性问题，年内径流过程预报仍是目前研究的瓶颈问题，极大地制约了水库中长期优化调度效益的发挥。

在水文研究领域，时间解集模型是一种从径流总量中生成不同尺度（季节、月、旬等）径流过程序列的模拟方法，为随机径流过程的描述提供了重要手段。目前，径流解集模型在径流随机模拟中应用广泛，但应用于预报的研究相对较少且为多针对典型或代表年份的预报，在考虑年径流预报不确定性和自适应预报情景的研究应用尚不多见。此外，解集模型的关键在于确定年径流总量到年内时段分配的映射规则即时段分配系数的生成方法。典型解集法是一类基于典型年的径流过程得到年内分配系数的确定性方法，虽然具有建模简单的特点，但是难以适用于不确定性条件下的年内径流过程预报。为此，本书提出逐年滚动的自适应预报解集模式，从解集模型的统计学含义出发探索其在年内径流过程预报中的适用性，构建考虑年径流预报不确定性的预报解集模型，并针对典型解集法存在不足提出模型的改进策略，将所提模型方法用于年内径流过程的不确定性预报研究。

本章研究技术路线如图4-1所示。首先，构建了自适应径流解集模式，开展基于相关性分析的解集模型适用性研究，为模型构建提供改进依据；进一步，构建考虑年径流预报和年内分配不确定性的解集模型并开展模型实验研究。

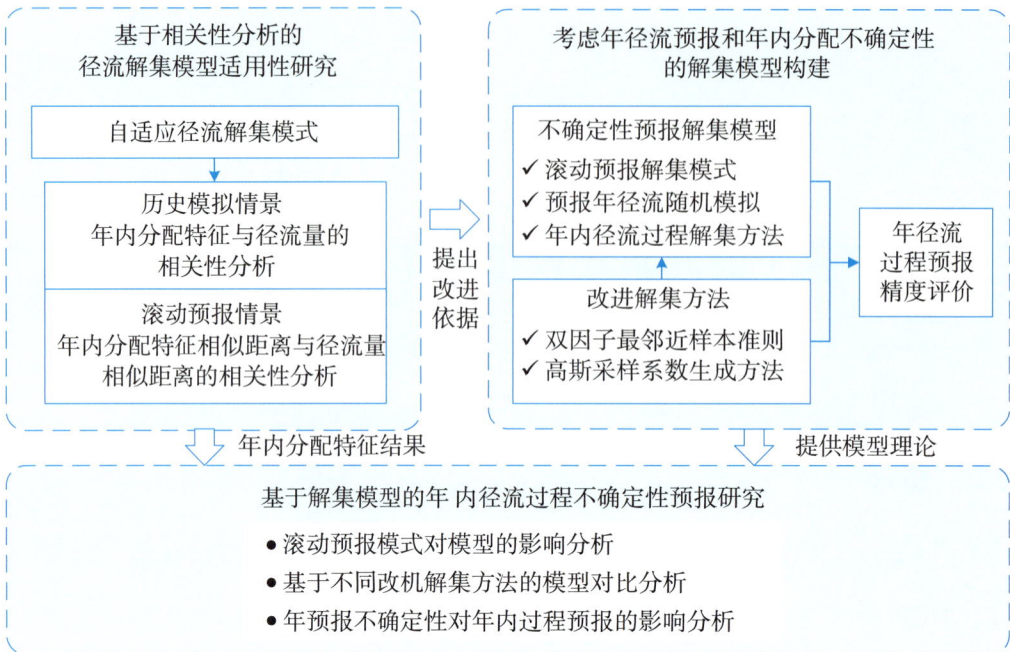

图 4-1　年内径流过程不确定性预报的时间解集模型研究技术路线

4.2　基于相关性分析的径流解集模型适用性研究

4.2.1　自适应径流解集模式

年径流自适应滚动预报模式在 3.2.2 节中已经阐述,其实际含义是在进行预报期年径流预报时,对训练期样本进行逐年的滚动更新:将 N 个年份的实测数据分为初始训练期(M_X 年)和预报期(N_Y 年),若预报年序号为 n,则当前训练期样本数为 M_X+n-1,依据当前训练期样本序列构建的模型进行步长为 1 年的预报,直至完成预报期的滚动预报。

本节基于上述年径流自适应预报模式,定义"历史情景"和"预报情景"两种径流解集模式,探究两种模式下时间解集模型运用于年径流过程分配的适用性。

1)历史情景为基于解集模型的历史径流随机模拟,其适用性是以训练期年径流和年内分配过程样本为数据集,验证径流模拟中"年径流总量与年内分配过程存在相关性"的隐含假定是否成立。

2)预报情景为基于解集模型的预报径流过程模拟,其适用性是以训练期样本和滚动预报样本为数据集,验证滚动预报模式下"如果未来的年径流量与历史年径流量相似,则未来的年内分配与历史的年内分配相近"的隐含假设是否成立。

本书提出的"历史情景"和"预报情景"两种解集模式构建如图 4-2 所示,图中"训练期"随着预报年的更新而滚动更新变化。

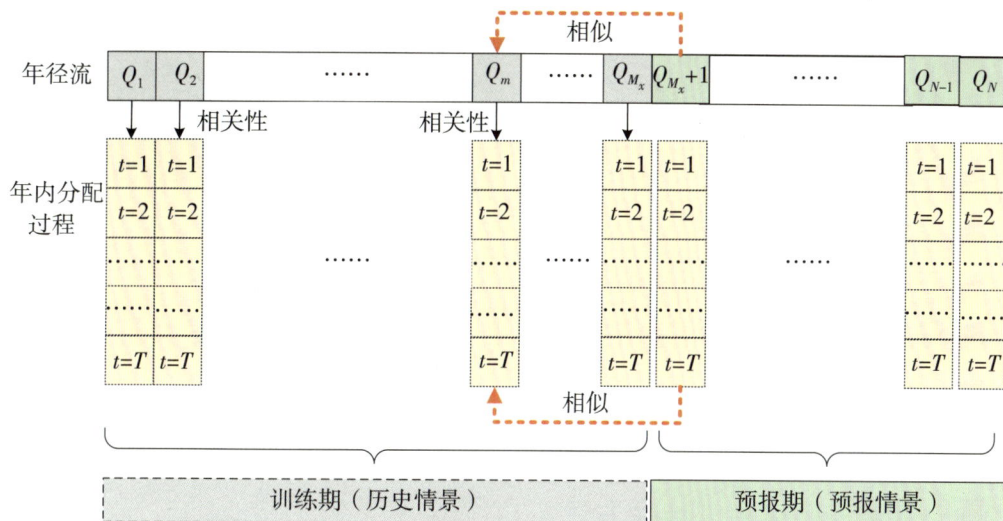

图 4-2 "历史情景"和"预报情景"两种解集模式构建示意图

4.2.2 年内分配特征指标

本书采用年内分配不均匀系数作为径流年内分配特征指标,计算公式如下:

$$
\begin{cases}
C_{vy} = \dfrac{\sigma}{\overline{R}} \\[2mm]
\sigma = \sqrt{\dfrac{1}{T}\left(\sum_{t=1}^{T}\left[R(t)-\overline{R}\right]^2\right)} \\[2mm]
\overline{R} = \dfrac{1}{T}\sum_{t=1}^{T}R(t)
\end{cases}
\tag{4-1}
$$

式中,C_{vy}——径流年内分配不均匀系数;

$R(t)$——年内各时段径流量;

$\overline{R}$——年内各时段平均径流量;

T——年内径流过程的时段数,如月径流 $T=12$,旬径流 $T=36$。

本书以溪洛渡水库代表站屏山站 1956—2010 年的月、旬尺度流量序列为研究数据,计算年内分配不均匀系数 C_{vy} 序列,C_{vy} 和年径流序列如图 4-3 所示。

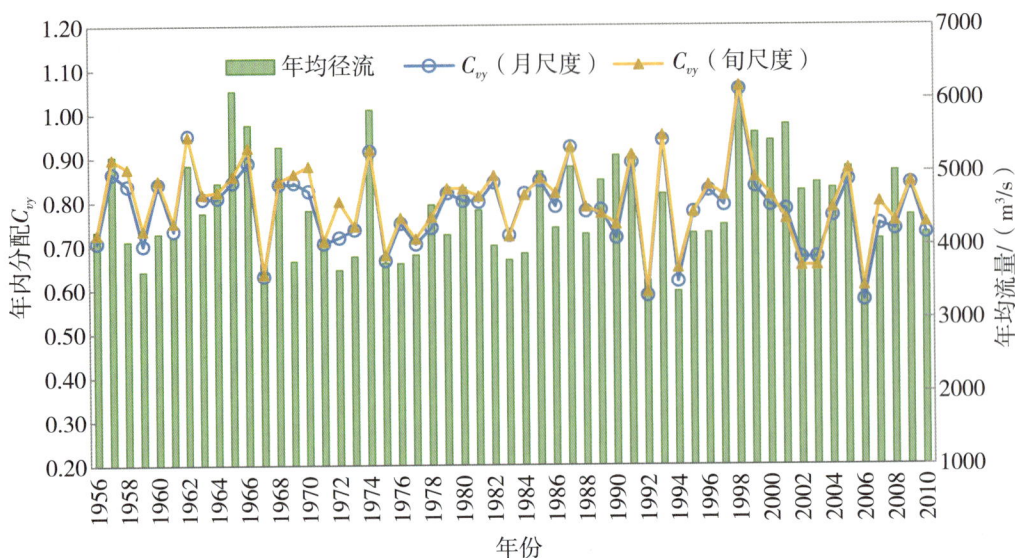

图4-3　径流年内分配不均匀度指标与年径流变化过程

4.2.3　解集模型适用性评估方法

为从统计学含义上分析典型解集模型应用于年径流过程分配的适用性,本书以年内分配不均匀系数作为年内分配过程的特征量化指标,提出基于年径流量与年内分配特征相关性分析的解集模型适用性评估方法,以验证4.2.1节中提出的"历史情景"和"预报情景"两种解集模式的隐含假设是否成立。

将图4-3中1956—2010年的年内分配不均匀系数和年径流数据分为初始训练期(1956—1990年)和预报期(1991—2010年),按照滚动预报模式,构造逐步滚动变化的年内分配系数(C_{vy})序列和年径流(Q)序列,作为变化历史序列。

(1)历史情景的相关性分析方法

以变化历史样本序列作为研究数据,采用皮尔逊相关系数和 Kendall 秩相关系数量化分析年内分配特征和径流总量之间的相关性,以验证典型解集模型在历史情景下年内径流过程模拟应用的隐含假定是否成立。

(2)预报情景的相关性分析方法

以变化历史样本序列和预报期样本为研究数据,在构建预报年与历史年相似距离样本的基础上,进行年内分配相似距离和年径流相似距离的相关性分析,以验证典型解集模型在滚动预报情景年内径流过程分配的隐含假定是否成立。

步骤1:计算逐年滚动下的预报年和历史年之间的年内分配系数相似距离 D

$(C_{vy})n,m$ 和年径流相似距离 $D(Q)n,m$（变量 n 为预报年的序号，$n=1\sim20$；变量 m 为历史年的序号，$m=1\sim35+n-1$），组成两个相似距离样本集。其中，相似距离的计算采用绝对值距离，以年径流为例，其相似距离如下公式：

$$D(Q)_{n,m}=|Q_n-Q_m| \tag{4-2}$$

步骤 2：采用皮尔逊相关系数和 Kendall 秩相关系数度量 $D(C_{vy})n,m$ 和 $D(Q)n,m$ 两个样本序列之间的相关性，验证典型解集模型在预报情景的适用性，即未来径流量与历史径流量相近时，量化未来年内分配与历史年内分配的相近程度。

4.2.4　模型适用性评估结果分析

在 4.2.2 节中，图 4-2 展示了年内分配不均匀系数与年径流过程的变化相关关系。本节进一步对月尺度和旬尺度不均匀系数与年径流的相关性进行量化分析，给出历史情景、预报情景的分析结果，分别如表 4-1 和表 4-2 所示，两种情景的分析结果对比如图 4-4 所示。

表 4-1　　　　　　　　　变化历史期不均匀系数和年径流的相关性分析结果

结束年份	训练期年数	月尺度				旬尺度			
		Pearson	P 值	Kendall	P 值	Pearson	P 值	Kendall	P 值
1990	35	0.633	0	0.459	0.0001	0.607	0.0001	0.422	0.0004
1991	36	0.647	0	0.476	0	0.623	0	0.441	0.0002
1992	37	0.669	0	0.505	0	0.647	0	0.471	0
1993	38	0.656	0	0.496	0	0.636	0	0.462	0
1994	39	0.683	0	0.520	0	0.663	0	0.484	0
1995	40	0.683	0	0.521	0	0.664	0	0.482	0
1996	41	0.676	0	0.510	0	0.658	0	0.476	0
1997	42	0.675	0	0.510	0	0.657	0	0.475	0
1998	43	0.728	0	0.533	0	0.712	0	0.499	0
1999	44	0.722	0	0.531	0	0.708	0	0.503	0
2000	45	0.707	0	0.511	0	0.696	0	0.485	0
2001	46	0.683	0	0.488	0	0.655	0	0.451	0
2002	47	0.660	0	0.463	0	0.623	0	0.426	0
2003	48	0.635	0	0.440	0	0.589	0	0.402	0.0001
2004	49	0.633	0	0.434	0	0.586	0	0.395	0.0001
2005	50	0.636	0	0.445	0	0.591	0	0.404	0

续表

结束年份	训练期年数	月尺度				旬尺度			
		Pearson	P值	Kendall	P值	Pearson	P值	Kendall	P值
2006	51	0.657	0	0.465	0	0.615	0	0.424	0
2007	52	0.659	0	0.469	0	0.613	0	0.422	0
2008	53	0.647	0	0.453	0	0.602	0	0.408	0
2009	54	0.643	0	0.448	0	0.599	0	0.406	0
相关系数均值		0.667	—	0.484	—	0.637	—	0.447	—
显著相关年数		—	20	—	20	—	20	—	20

表 4-2　　　　预报情景不均匀系数和年径流相似距离的相关性分析结果

预测年份	训练期年数	月尺度				旬尺度			
		Pearson	P值	Kendall	P值	Pearson	P值	Kendall	P值
1991	35	0.530	0.0010	0.395	0.0008	0.518	0.0015	0.368	0.0019
1992	36	0.647	0.0000	0.476	0.0000	0.623	0.0000	0.441	0.0002
1993	37	0.266	0.1117	0.144	0.2093	0.258	0.1232	0.159	0.1656
1994	38	0.656	0.0000	0.494	0.0000	0.634	0.0000	0.457	0.0001
1995	39	0.406	0.0103	0.298	0.0075	0.424	0.0071	0.260	0.0196
1996	40	0.059	0.7185	0.131	0.2347	0.037	0.8189	0.095	0.3886
1997	41	0.411	0.0076	0.378	0.0005	0.320	0.0413	0.259	0.0173
1998	42	0.675	0.0000	0.510	0.0000	0.657	0.0000	0.475	0.0000
1999	43	0.345	0.0234	0.225	0.0336	0.388	0.0102	0.227	0.0319
2000	44	0.061	0.6926	0.104	0.3216	0.111	0.4723	0.093	0.3734
2001	45	−0.057	0.7092	0.053	0.6110	−0.361	0.0149	−0.204	0.0482
2002	46	−0.108	0.4736	−0.154	0.1322	−0.180	0.2305	−0.200	0.0500
2003	47	−0.174	0.2408	−0.171	0.0898	−0.222	0.1333	−0.204	0.0427
2004	48	0.271	0.0624	0.140	0.1602	0.225	0.1247	0.101	0.3109
2005	49	0.406	0.0038	0.221	0.0250	0.384	0.0065	0.218	0.0273
2006	50	0.632	0.0000	0.445	0.0000	0.587	0.0000	0.404	0.0000
2007	51	0.505	0.0002	0.283	0.0034	0.337	0.0155	0.156	0.1060
2008	52	−0.072	0.6124	−0.090	0.3437	−0.065	0.6471	−0.071	0.4582
2009	53	0.209	0.1340	0.141	0.1367	0.252	0.0685	0.152	0.1072
2010	54	0.515	0.0001	0.283	0.0025	0.474	0.0003	0.248	0.0081
相关系数均值		0.309	—	0.215	—	0.270	—	0.172	—
显著相关年数		—	11	—	11	—	12	—	13

由表 4-1 中历史情景的相关性检验结果可知,变化历史样本下 Pearson 和 Kendall 相关性检验 P 值均小于 0.05,20 组序列的月尺度和旬尺度 Pearson 相关系数均值分别为 0.667 和 0.637,Kendall 秩相关系数分别为 0.484 和 0.447,表明月尺度和旬尺度的年内不均匀系数和年径流序列均具有显著的正相关关系,验证了解集模型对历史情景年内径流过程模拟基本具有适用性。

由表 4-2 中预报情景的相似距离相关性结果可知,20 组月尺度序列的 Pearson 和 Kendall 相关性检验结果为显著的个数均为 11,占比为 55%;旬尺度序列的 Pearson 和 Kendall 相关性显著的个数分别为 12 和 13,占比为 60% 和 65%。结果表明,年径流越临近,分配不均匀系数越相似的假设成立的概率为 60% 左右。

图 4-4 直观地给出了历史情景和预报情景的相关性对比情况。总体而言,从历史年径流过程模拟的角度分析,年内分配不均匀特征与年内径流呈现较强的正相关性;而从滚动预报的视角分析,与未来年径流量邻近的历史样本,其年内分配并不一定能反映未来径流的分配特征,二者的关联匹配程度呈现出不确定性。因此,除年径流邻近以外,预报径流的解集模型有必要考虑年内分配的不确定性。

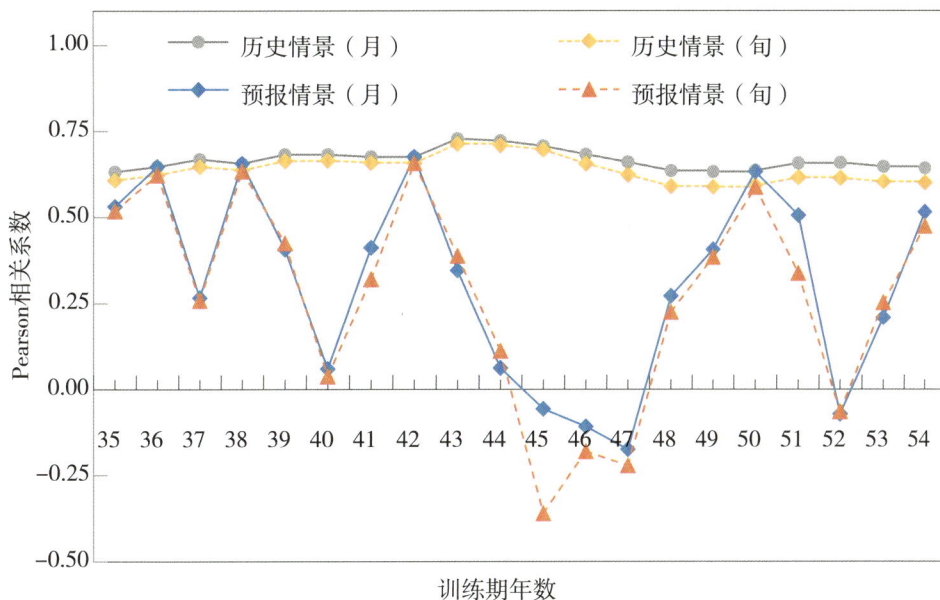

（a）Pearson 相关系数

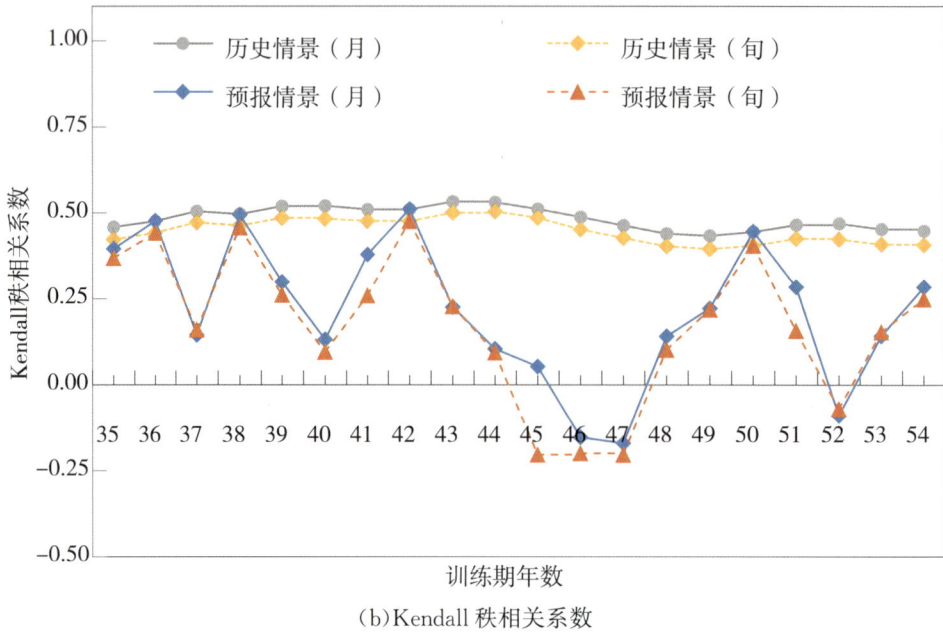

（b）Kendall 秩相关系数

图 4-4   历史情景和预报情景相关分析结果对比

4.2.5   年内分配特征的不确定性分析

依据 4.4.2 节中 1956—2010 年旬尺度年内分配不均匀系数 C_{vy} 序列构造样本数 $N=35\sim55$ 的逐步滚动变化序列（起始年为 1956 年，结束年为 1990—2010 年）。采用第 2 章中的确定性成分识别方法依次提取突变、趋势、周期等确定性变异成分，其中突变诊断准则设置为 2.4.1 节中的"严格"准则，在分离确定性成分的基础上，对剩余随机序列的概率分布特征进行分析。

样本数 35～55 的滚动变化 C_{vy} 序列的突变诊断结果如表 4-3 所示，将剔除突变成分后的 C_{vy} 序列剩余成分进行趋势分析，结果如图 4-5（a）所示，依次剔除突变和趋势成分之后的 C_{vy} 剩余序列的周期性识别，结果如 4-5（b）所示。

表 4-3   样本数 35～55 的滚动变化 C_{vy} 序列的突变点诊断结果

序列年份	年数	突变点初步识别	秩和检验	诊断结果
1956—2003	48	MK、SNHT	显著	2002
1956—2008	53	MK、SNHT、BU	显著	2001

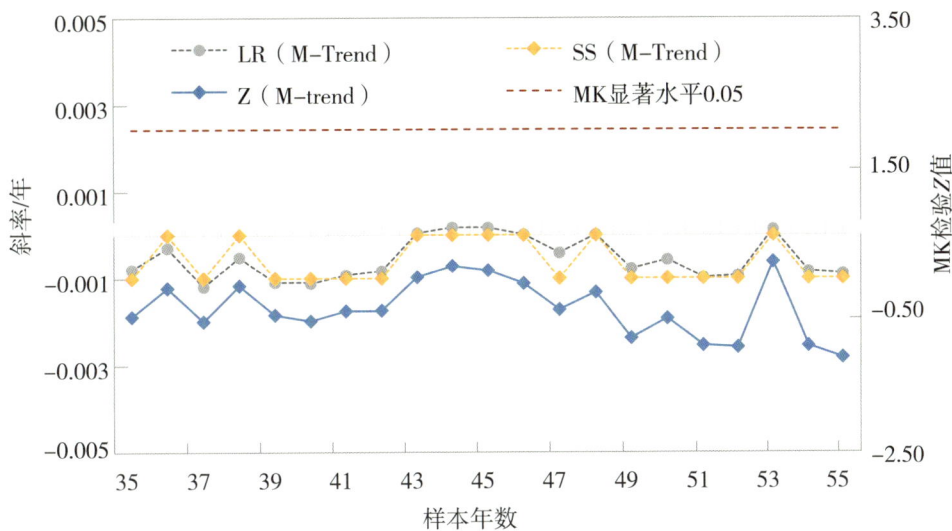

(a)趋势成分分析

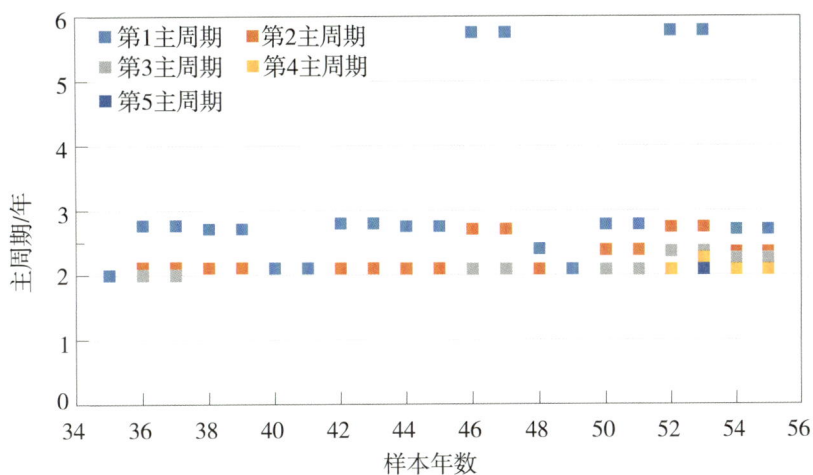

(b)周期成分分析

图 4-5　径流年内分配不均匀度 C_{vy} 序列的趋势性和周期性分析结果

表 4-3 中突变分析结果表明,样本年数为 48 年和 53 年时,突变年份分别为 2002 年和 2001 年。对比 2.3 节中年径流突变诊断结果,样本年数为 44~55 年时,突变年份均为 1998 年。由此可见,就突变变异而言,年内分配不均匀度和年径流总量的突变年份不同,变异性存在差异。由图 4-5(a)结果可知,变化样本的 C_{vy} 序列趋势性存在一定波动,线性回归(LR)和坡度检验(SS)均显示趋势为持平或下降,MK 检验结

果表明趋势性变异均不显著;对比 2.3 节中年径流序列趋势检验结果,年内分配不均匀度和年径流序列趋势性变化情况存在差异。由图 4-5(b)结果可知,不同样本数的不均匀度序列周期主要集中在 2~3,有 4 组序列主周期在 5~6;对比 2.3 节中年径流周期性分析结果,第 1 主周期主要在 10~22 年,第 2~4 主周期分布在 2~4 年。总体上,年内不均匀度系数和年径流的周期性存在明显差异。

本节的目标虽然是为分析年内分配特征 C_{vy} 的随机分布特性,但其突变、趋势、周期等确定性变异成分识别的结果表明,年内分配特征和年径流随时间演化规律均呈现出明显差异,间接反映了 4.2.4 节中的结论,即滚动预报解集模型的运用需考虑年内分配特征与年径流之间相关性关系的不确定性。

下面采用 KS 检验对剔除突变、趋势、周期、均值等确定性成分之后的剩余不均匀系数 C_{vy} 序列进行概率分布检验,结果表明在 0.05 的显著水平下变化样本数的剩余序列均服从正态分布,给出变化样本下 C_{vy} 序列和剩余随机序列的均值参数和标准差参数如图 4-6 所示,给出变化序列的均值参数和标准差参数的统计值如表 4-4 所示。结果表明,与原 C_{vy} 序列相比,剩余序列的均值参数由 0.8 附近减小为 0,标准差参数有所减小,服从均值参数为 0、标准差参数为 0.057~0.083 的正态分布。本节 C_{vy} 序列随机分布特征为考虑年内分配不确定性的解集模型构建提供依据。

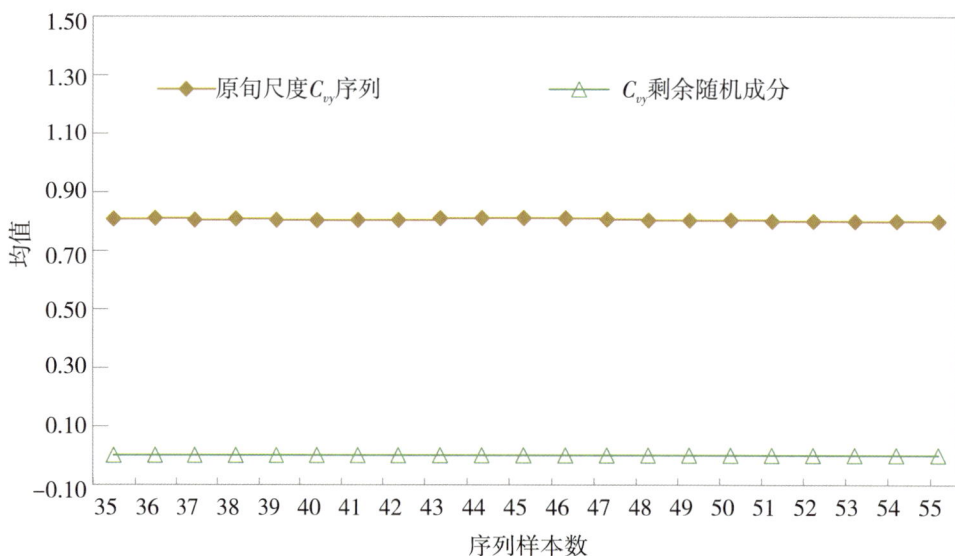

(a)均值参数

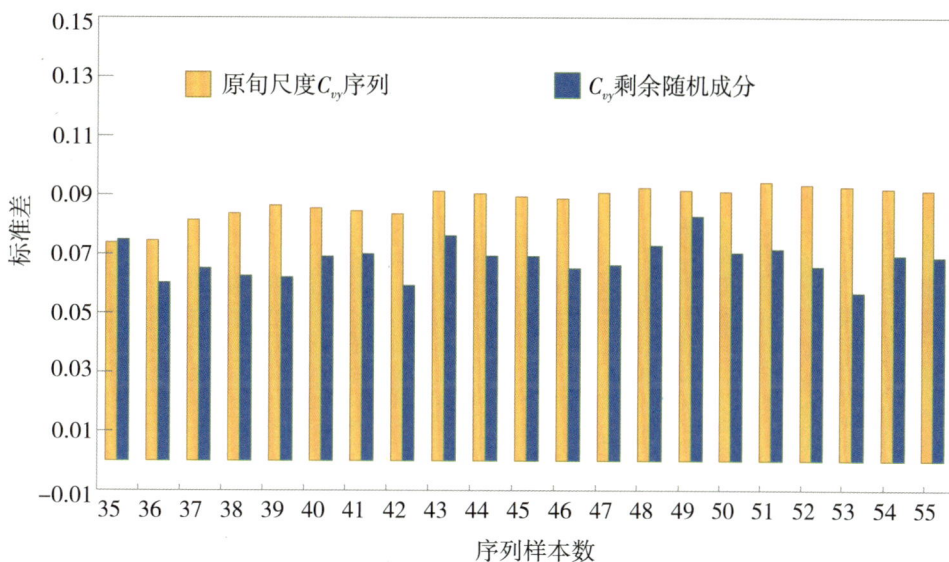

（b）标准差参数

图 4-6　不均匀度系数 C_{vy} 序列的随机分布特征参数结果

表 4-4　样本数 35～55 的不均匀度系数 C_{vy} 序列分布特征参数的统计值

统计值	原序列		随机成分序列	
	均值参数	标准差参数	均值参数	标准差参数
平均值	0.806	0.088	0	0.068
最大值	0.812	0.094	0	0.083
最小值	0.800	0.074	0	0.057

4.3　考虑年径流预报和年内分配不确定性的解集模型构建

4.3.1　年径流滚动预报解集模式

本节对 4.2.1 节中定义的"预报情景"的解集模型作进一步的阐述。预报径流解集模型采用与年径流预报相同的逐年滚动模式,区别在于历史径流样本构建时,除了考虑年径流样本外,需要同步进行年内径流过程样本集的构建。

历史样本和预报年的径流数据样本定义如下:

①预报期实测年径流记为 Y_n,年径流过程记为 $y_{n,t}(n=1\sim N_Y)$,n 为预报年序号;模拟预报的年径流和径流过程分别记为 $\widetilde{Y}_n$ 和 $\widetilde{y}_{n,t}$。

②预报年 n 对应滚动更新的训练期样本序列为 X_m,年径流过程为 $x_{m,t}(m=1\sim$

$M_X + n - 1)$，m 为历史年序号，t 为年内径流过程时段数。

4.3.2 考虑预报不确定性的年径流随机模拟

预报年径流采用相对预报误差来描述。假设年径流相对预报误差服从正态分布，采用蒙特卡罗随机模拟方法[168]生成相对预报误差，进而根据实测径流计算得到年预报径流 $\widetilde{Y}_n$，公式如下：

$$\widetilde{Y}_n = (1 + r) \cdot Y_n \qquad (n \in N_Y)$$
$$r \sim N(\mu, \sigma^2) \tag{4-3}$$

式中，r——服从正态分布的相对预报误差；

μ 和 σ——分布函数的均值和标准差。

分布函数表达式如下：

$$f(r) = \frac{1}{\sqrt{2\pi}\sigma} e^{\frac{-(r-\mu)^2}{2\sigma^2}} \tag{4-4}$$

4.3.3 年径流典型解集方法

径流解集模型的关键在于确定将年径流总量分配到年内各个时段的规则，即年内时段分配系数的生成方法。典型解集方法是基于典型年的径流时程过程得到径流年内分配系数的方法，一般以年径流最邻近准则从历史年份中选择代表年。

对于给定某历史年份 m，将实测径流过程 $x_{m,t}$ 按照年径流总量进行标准化，得到年内时段分配系数。记选取的典型年为 m_0，年内时间分配系数过程为 $w_{m0,t}$，则年径流模拟预报过程计算如下：

$$\widetilde{y}_{n,t} = \widetilde{Y}_n \cdot w_{m0,t} \qquad (n \in N_Y, t \in T) \tag{4-5}$$

4.3.4 考虑年内分配不确定性的改进解集方法

典型解集方法为基于典型年历史径流分配过程的确定性方法，未能考虑未来径流分配的不确定性，因此本书从历史邻近样本选择和年内时段分配系数两个方面对典型解集法进行改进，提出了最邻近高斯采样法（Nearsest Gaussian Sampling，NGS）。该方法改进策略包括双因子邻近样本选取准则和基于高斯采样的分配系数生成法。

（1）双因子邻近样本选取准则

引入 KNN（K-Nearest Neighbor）模型的 K 邻近原则[169]，在历史样本中选择特征因子最接近的多个样本,作为预报年径流的时段分配系数生成的依据。本书的双因子邻近样本选取准则为基于年径流量因子和年内不均匀系数因子 C_{vy} 相近进行历史样本的选择,记两个因子选择的邻近样本数分别为 K_1 和 K_2。采用双因子准则和年径流单因子准则进行比较研究,方法描述如表 4-5 所示。

为考虑 C_{vy} 的不确定性,预报期的年内分配不均匀系数以 C_{vy} 序列的纯随机成分的标准差 δ_C 为模拟参数,将模拟生成的随机项和实测 C_{vy} 叠加,计算式如下:

$$\widetilde{C}_{vy} = C_{vy} + \text{rand}(0, \delta_C) \tag{4-6}$$

式中,$\widetilde{C}_{vy}$——模拟值;

　　rand$(0, \delta_C)$——均值为 0、标准差 δ_C 的高斯分布随机数。

表 4-5　　　　　　　　　　双因子邻近样本选取准则方法描述

序号	准则名称	方法描述
1	年径流样本邻近准则（简称 NGS-Q）	以年径流量邻近为准则,选取 K 个邻近样本:$K = \text{int}(\sqrt{M_X})$ 或 $K = 2 \times \text{int}(\sqrt{M_X})$,int() 表示向上取整
2	双因子样本邻近准则（简称 NGS-QC_{vy}）	分别以年径流量和 C_{vy} 邻近为准则,从历史样本中各选取多个样本:$K_1 = K_2 = \text{int}(\sqrt{M_X})$,$K = K_1 + K_2$

注:准则名称中的 Q 和 C_{vy} 标记分别代表邻近样本选择的因子中包含年径流因子和 C_{vy} 因子。

（2）基于高斯采样的分配系数生成法

根据（1）中选取的历史邻近样本集,分别构造年内各个时段的分配系数样本集,采用高斯采样策略生成各时段分配系数。若 K 个历史邻近样本集的径流分配系数为 $w_{k,t}$,K 个样本的分配系数的均值过程和标准差过程计算如下:

$$\overline{w}_t = \frac{1}{K} \sum_{k=1}^{K} w_{k,t} \tag{4-7}$$

$$s_t = \sqrt{\frac{1}{K-1} \sum_{k=1}^{K} (w_{k,t} - \overline{w}_t)} \tag{4-8}$$

对预报年各时段分配系数依次进行高斯分布采样,生成 C_t,$C_t : N(\overline{w}_t, s_t^2)$。为了得到径流分配系数 c_t,对 C_t 进行标准化,公式如下:

$$c_t = \frac{C_t}{\sum_{t=1}^{T} C_t} \tag{4-9}$$

对于 C_t 的生成策略,本书考虑直接采样和区间约束采样两种方式。区间约束策略为:计算 K 个邻近历史样本第 t 时段径流分配系数 95% 的置信区间为 $[dn_t, up_t]$,以 $[\max(dn_t), \min(up_t)]$ 作为 C_t 的约束范围,以适当减小高斯采样生成系数的不确定性范围。直接采样方法和区间约束采样方法的描述如表 4-6 所示,两种方式的模拟效果将在实验研究中进行比较评估。

表 4-6   基于高斯采样的年内分配系数生成方法描述

序号	方法名称	方法描述
1	直接采样 (简称 Gauss)	根据 K 个邻近样本构造逐个时段系数样本,采用高斯抽样直接生成年内分配系数并归一化
2	区间约束采样 (简称 Gauss-95%)	与方法 1 的区别是进行高斯采样时,只接受 95% 置信区间 $[\max(dn_t), \min(up_t)]$ 范围内的抽样结果

4.3.5 年径流过程预测精度评价方法

采用皮尔逊相关系数(R)及本书定义的百分比平均绝对误差(Percentage Mean Absolute Error,PMAE)进行年内径流过程的模拟精度评价。

(1)皮尔逊相关系数(R)

R 取值范围为 $0 \sim 1$,越接近 1,说明模拟过程和实测过程之间线性相关性越强,拟合效果相对越好。某一组年内径流过程的 R_s 计算公式如下:

$$R_s = \frac{\sum_{t=1}^{T} (\tilde{y}_t - \tilde{y}_{avg})(y_t - y_{avg})}{\sqrt{\sum_{t=1}^{T} (\tilde{y}_t - \tilde{y}_{avg})^2} \sqrt{\sum_{t=1}^{T} (y_t - y_{avg})^2}} \tag{4-10}$$

式中,y_t 和 y_{avg}——实测过程及其平均值;

$\tilde{y}_t$ 和 $\tilde{y}_{avg}$——模拟过程及其平均值;

T——年内径流过程的时段数(如 12 个月或 36 旬)。

为考虑年径流预报的不确定性,设第 n 年的径流模拟情景个数记为 S,则第 n 年的 R 指标为 S 组指标的平均值,计算如下:

$$R = \frac{1}{S} \sum_{s=1}^{S} R_s \tag{4-11}$$

(2)百分比平均绝对误差(PMAE)

本书 PMAE 是在平均绝对误差(MAE)指标的基础上定义的,是为反映 MAE 占实测年均径流的比重。某一组年内径流过程的 PMAE 计算公式如下:

$$PMAE_s = \frac{1}{y_{avg}} \cdot \frac{1}{T} \sum_{t=1}^{T} (y_t - \tilde{y}_t) \tag{4-12}$$

为考虑年径流预报的不确定性,设第 n 年的径流模拟情景个数记为 S,则第 n 年的 PMAE 指标为 S 组指标的平均值,计算如下:

$$\mathrm{PMAE} = \frac{1}{S} \sum_{s=1}^{S} \mathrm{PMAE}_s \qquad (4\text{-}13)$$

4.4　基于解集模型的年内径流过程不确定性预报

4.4.1　研究对象与实验设计

以溪洛渡水库 1956—2010 年入库径流资料作为研究数据,将 55 年的历史资料分为初始训练期(1956—1990 年)和预报期(1991—2010 年),对预报期旬尺度的年内径流过程进行逐年滚动预报模拟研究。

(1)年径流和 C_{vy} 随机模拟参数设置

年径流以相对预报误差标准差 σ 为参数进行设计。结合 3.5.3 节中的年径流相对预报误差不确定性研究结果,预报相对误差标准差范围为 0.16～0.20,本章在此范围基础上考虑更多的情形,设计 7 种预报情景:6 种误差情景($\sigma = 0.05, 0.1, 0.15, 0.02, 0.25, 0.3$),以及完美预报($\sigma = 0$)。其中,对于完美预报情景,20 年的预报年径流即为当年实际径流量;对于 6 种误差情景,每一种误差情景按照 4.3.2 节中式(4-3)的年径流随机模拟方法生成 20 组误差样本,基于实际径流生成年预报径流。

预报期的年内分配不均匀系数 C_{vy} 以随机成分的标准差为模拟参数。结合 4.2.5 节中的研究结果,滚动变化样本的 C_{vy} 序列随机成分的标准差参数平均值为 0.068,且变化样本的分布特征参数变化相对较小,因此本节设置 NGS 解集方法的参数 $\delta_C = 0.07$,按照 4.3.4 中的式(4-6)生成预报期 C_{vy} 模拟值。

(2)解集模型对比实验设计

为研究滚动预报模式下 NGS 解集模型的径流过程模拟效果,实验设计如下:

1)预报模式的比较,分为有滚动预报和无滚动预报两种模式,即是否考虑历史样本随预报年的逐年滚动更新。

2)解集模型的比较,以典型解集方法作为参照方法,按照解集模型的改进策略组合设计 6 种 NGS 方法(表 4-7),其中 NGS-Q2 是为对照比较 NGS-Q 和 NGS-QC$_{vy}$ 准则中由于参数 K 取值的影响。对于完美预报,20 个预报年按照年径流进行时段分解时考虑 NGS 法的生成分配系数的随机性,每年进行 20 次重复实验;7 种年径流预报情景下的精度评价指标为 20 组不同误差径流过程模拟精度的平均值，R 和 PMAE 指标计算按照 4.4.3 节中的式(4-11)和式(4-13)。

表 4-7   NGS 解集方法对比研究实验设计方案

序号	方法名称	邻近样本选取准则	分配系数采样方法
1	NGS-Q	年径流量邻近，选取 K 个邻近样本：$K = \text{int}(\sqrt{M_X})$，int() 表示向上取整	直接 Gauss 采样法
2	NGS-Q2	年径流量邻近，选取 K 个邻近样本：$K = 2 \times \text{int}(\sqrt{M_X})$	直接 Gauss 采样法
3	NGS-QC$_{vy}$	选取年径流量和 C_{vy} 邻近样本 K_1 和 K_2 个：$K_1 = K_2 = \text{int}(\sqrt{M_X})$，$K = K_1 + K_2$	直接 Gauss 采样法
4	NGS-Q-95％	年径流量邻近，选取 K 个邻近样本：$K = \text{int}(\sqrt{M_X})$	95％区间约束采样法
5	NGS-Q2-95％	年径流量邻近，选取 K 个邻近样本：$K = 2 \times \text{int}(\sqrt{M_X})$	95％区间约束采样法
6	NGS-QC$_{vy}$-95％	选取年径流量和 C_{vy} 邻近样本 K_1 和 K_2 个：$K_1 = K_2 = \text{int}(\sqrt{M_X})$，$K = K_1 + K_2$	95％区间约束采样法

4.4.2 实验结果分析

对有滚动和无滚动两种预报模式下不同年径流预报误差参数(σ)、不同解集方法的年径流过程模拟效果进行评价，表 4-8 为 20 年预报期的平均 R(相关系数)指标，表 4-9 为 20 年预报期的平均 PMAE(百分比平均绝对误差)指标。

表 4-8   预报期 1991—2010 年的平均 R 指标

预报模式	年误差 σ	典型解集	分配系数 Gauss 采样			分配系数 Gauss-95％采样		
			NGS-Q	NGS-Q2	NGS-QC$_{vy}$	NGS-Q	NGS-Q2	NGS-QC$_{vy}$
无滚动样本更新	0.00	0.830	0.845	0.853	0.849	0.891	0.907	0.904
	0.05	0.843	0.847	0.849	0.856	0.898	0.907	0.908
	0.10	0.848	0.855	0.856	0.856	0.901	0.906	0.909
	0.15	0.841	0.856	0.853	0.857	0.902	0.908	0.910
	0.20	0.839	0.858	0.855	0.855	0.905	0.909	0.909
	0.25	0.840	0.853	0.854	0.857	0.903	0.907	0.908
	0.30	0.839	0.857	0.856	0.857	0.901	0.908	0.910

预报模式	年误差 σ	典型解集	分配系数 Gauss 采样			分配系数 Gauss-95％采样		
			NGS-Q	NGS-Q2	NGS-QC$_{vy}$	NGS-Q	NGS-Q2	NGS-QC$_{vy}$
滚动样本更新	0.00	0.853	0.855	0.859	0.857	0.900	0.912	0.911
	0.05	0.857	0.852	0.854	0.861	0.906	0.912	0.914
	0.10	0.861	0.860	0.859	0.862	0.907	0.910	0.915
	0.15	0.851	0.859	0.856	0.862	0.905	0.912	0.913
	0.20	0.847	0.860	0.858	0.859	0.907	0.913	0.913
	0.25	0.853	0.854	0.856	0.860	0.903	0.911	0.911
	0.30	0.849	0.861	0.857	0.860	0.901	0.910	0.913

表 4-9　　　　　　　　　预报期 1991—2010 年的平均 PMAE 指标

预报模式	年误差 σ	典型解集	分配系数 Gauss 采样			分配系数 Gauss-95％采样		
			NGS-Q	NGS-Q2	NGS-QC$_{vy}$	NGS-Q	NGS-Q2	NGS-QC$_{vy}$
无滚动样本更新	0.00	0.2753	0.2673	0.2654	0.2615	0.2284	0.2193	0.2138
	0.05	0.2680	0.2706	0.2721	0.2602	0.2278	0.2220	0.2135
	0.10	0.2735	0.2745	0.2786	0.2719	0.2360	0.2333	0.2249
	0.15	0.2944	0.2891	0.2943	0.2865	0.2524	0.2509	0.2403
	0.20	0.3156	0.3084	0.3126	0.3063	0.2740	0.2717	0.2639
	0.25	0.3397	0.3346	0.3359	0.3278	0.3013	0.2979	0.2908
	0.30	0.3666	0.3612	0.3610	0.3569	0.3317	0.3268	0.3199
滚动样本更新	0.00	0.2590	0.2566	0.2592	0.2533	0.2163	0.2122	0.2037
	0.05	0.2563	0.2640	0.2677	0.2537	0.2188	0.2163	0.2057
	0.10	0.2657	0.2687	0.2758	0.2657	0.2292	0.2284	0.2175
	0.15	0.2909	0.2849	0.2913	0.2814	0.2480	0.2466	0.2355
	0.20	0.3139	0.3053	0.3094	0.3014	0.2698	0.2675	0.2592
	0.25	0.3344	0.3306	0.3343	0.3236	0.2980	0.2950	0.2864
	0.30	0.3639	0.3561	0.3595	0.3542	0.3282	0.3244	0.3152

下面从不同的角度对实验结果进行比较分析。

(1)滚动预报模式对模拟结果的影响

以典型解集和 NGS-Q 两种方法为代表,给出有滚动和无滚动预报模式的预报结果比较,如图 4-7 所示。图 4-7(a)和图 4-7(c)为 $\sigma=0$ 时预报期 20 年(1991—2010 年)的年内径流过程预测精度变化情况,图 4-7(a)中典型解集法结果显示:较于无滚动预报,有滚动预报的 R 指标有 5 年更优,PMAE 指标有 4 年更优;图 4-7(b)中 NGS-Q 模拟结果显示:有滚动预报的 R 和 PMAE 指标整体上优于无滚动预报。进一步,图 4-7(b)和图 4-7(d)给出了 6 种预报误差情景的对比结果。典型解集和 NGS-Q 的结果均表明:有滚动预报的 R 指标高于无滚动预报模拟;PMAE 指标小于无滚动预报模式。表 4-10 给出了有滚动比无滚动模式的 20 年预报期平均 R 和 PMAE 指标优化结果,典型解集和 NGS-Q 在不同误差情景下的 R 指标增加量平均为 0.013 和 0.0043,PMAE 指标平均减小量为 0.007 和 0.0007,年预报误差不确定性越小,滚动预报的优势更加明显。总体上,在有滚动预报模式下,通过历史样本滚动更新加入新样本的年径流和年内分配过程信息,有利于提高解集模型的年内分配过程模拟精度。

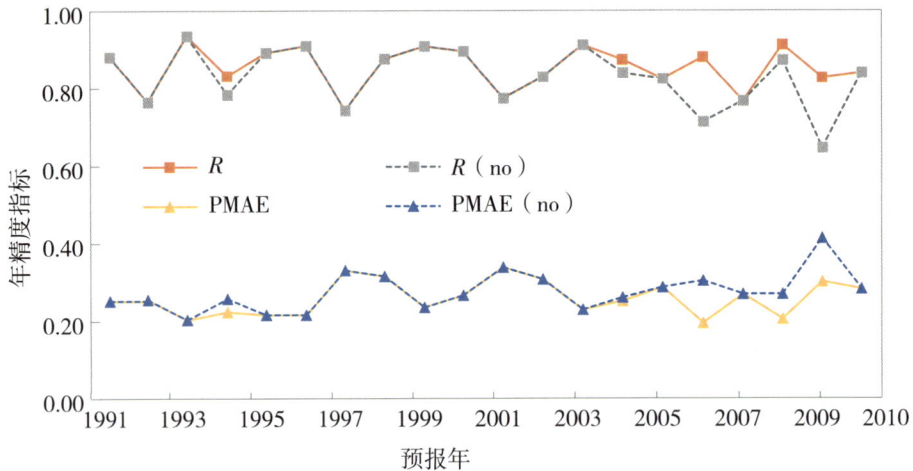

(a)典型解集($\sigma=0$)

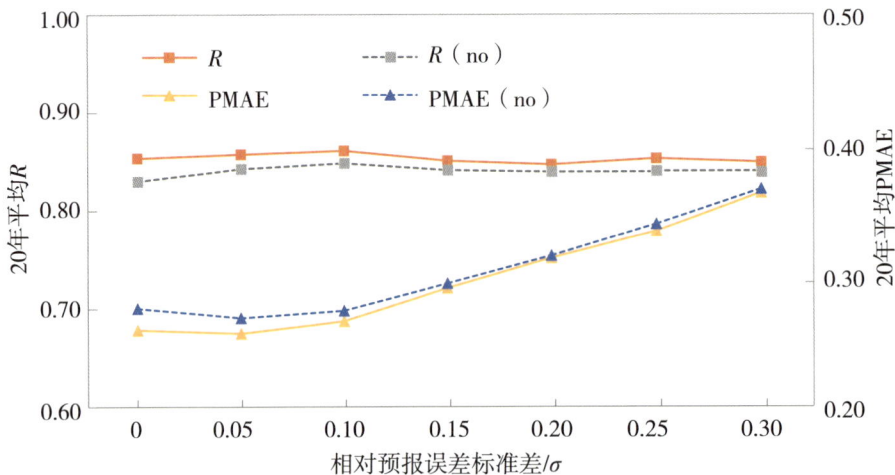

(b)典型解集($\sigma=0\sim0.3$)

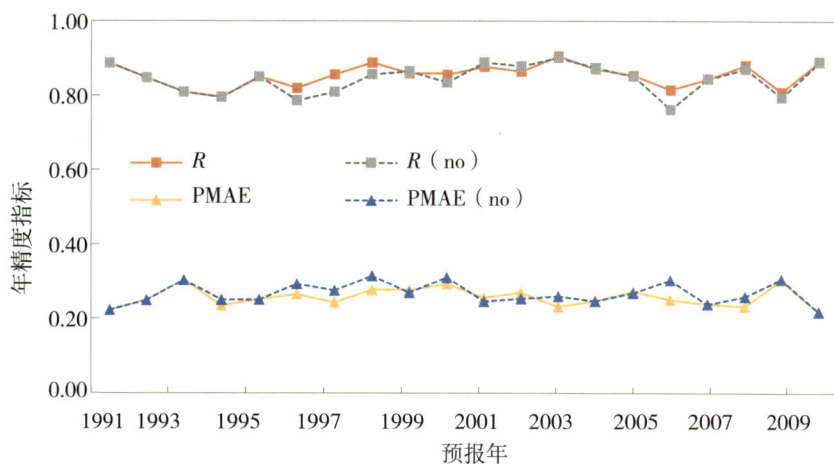

（c）NGS-Q 法（$\sigma = 0$）

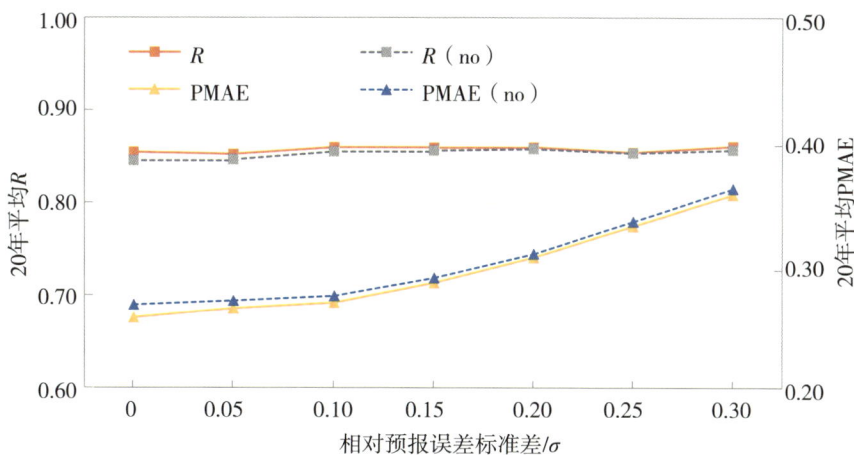

（d）NGS-Q 法（$\sigma = 0 \sim 0.3$）

图 4-7　有滚动和无滚动预报模式的预报结果比较图（—no 代表无滚动预报）

表 4-10　有滚动比无滚动的精度指标优化结果

年误差	预报期平均 R 指标的增加量		预报期平均 PMAE 指标的减小量	
σ	典型解集	NGS-Q	典型解集	NGS-Q
0.00	0.0235	0.0092	0.0163	0.0049
0.05	0.0148	0.0059	0.0117	-0.0038
0.10	0.0127	0.0047	0.0079	0.0032
0.15	0.0096	0.0032	0.0034	0.0015
0.20	0.0075	0.0020	0.0017	0.0010
0.25	0.0128	0.0008	0.0053	-0.0028
0.30	0.0103	0.0041	0.0027	0.0008
均值	0.0130	0.0043	0.0070	0.0007

(2)改进解集模型方法的性能比较分析

根据表 4-8 和表 4-9 的结果,选择 4 种预报误差情景 $\sigma=0,0.1,0.2,0.3$,绘制 6 种 NGS 方法和典型解集方法在滚动预报模式下的 20 年预报期平均预测精度对比图,R 指标和 PMAE 指标对比分别如图 4-8 和图 4-9 所示,图中横轴为 3 种不同的邻近样本选择准则 NGS-Q、NGS-Q2 和 NGS-QC$_{vy}$,图例中 Gauss 代表直接采样法、Gauss-95%代表置信区间约束采样。

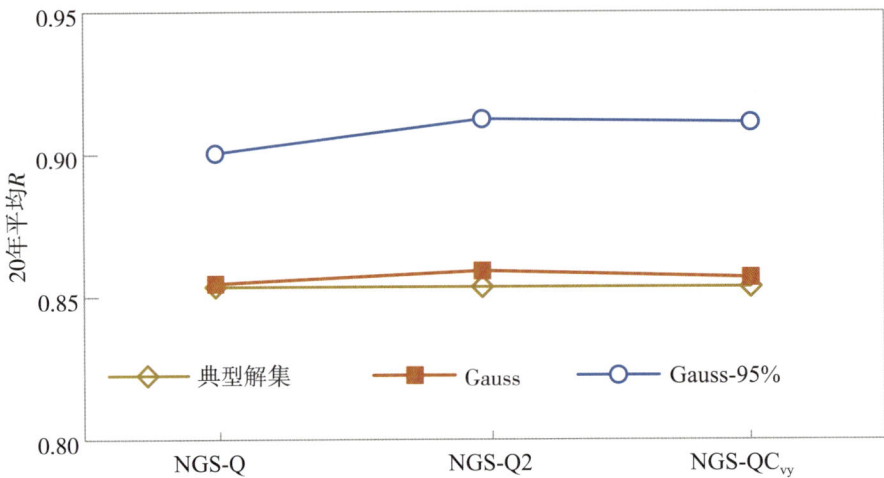

(a)$R(\sigma=0)$

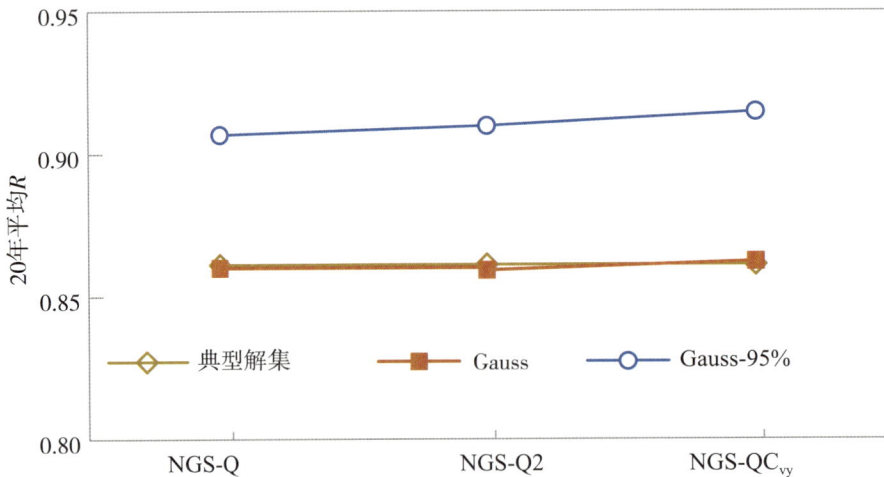

(b)$R(\sigma=0.1)$

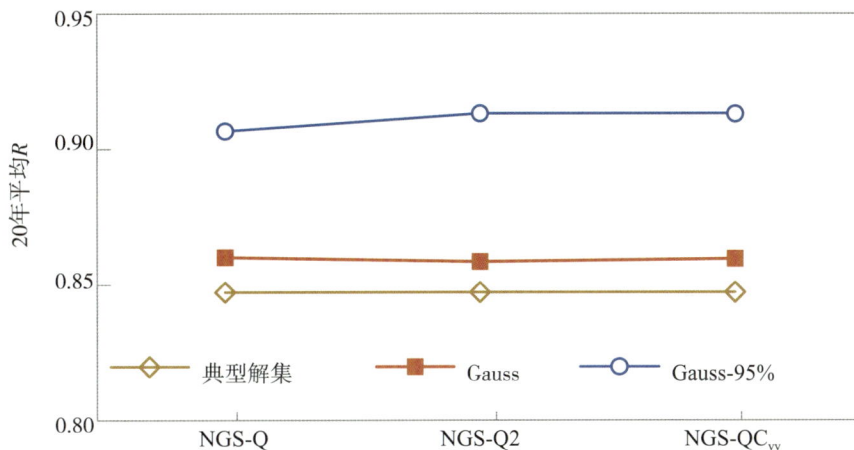

（c）$R(\sigma = 0.2)$

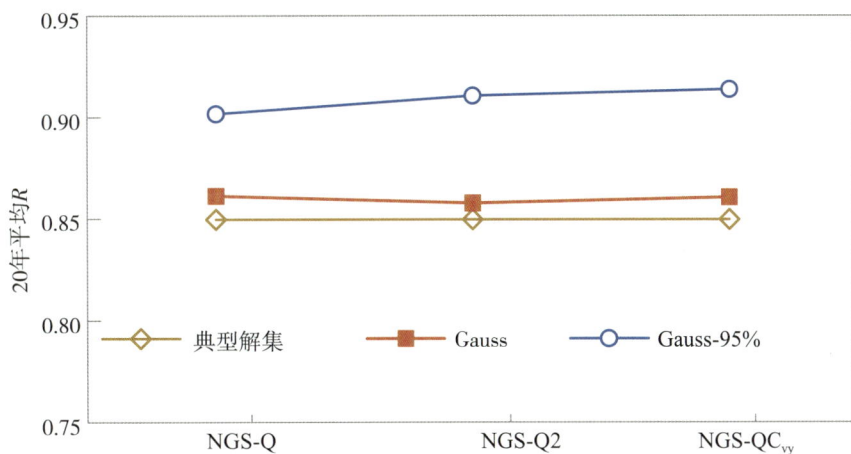

（d）$R(\sigma = 0.3)$

图 4-8　不同解集模型方法年内径流过程预报的 **R** 指标对比

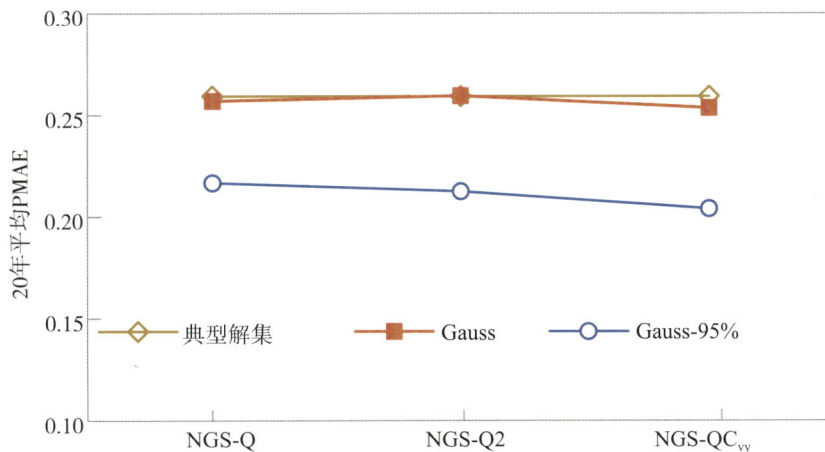

（a）PMAE$(\sigma = 0)$

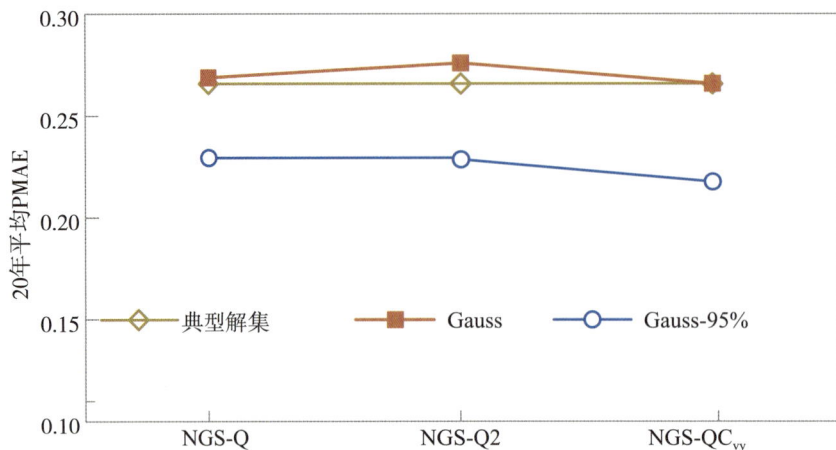

（b）PMAE（$\sigma=0.1$）

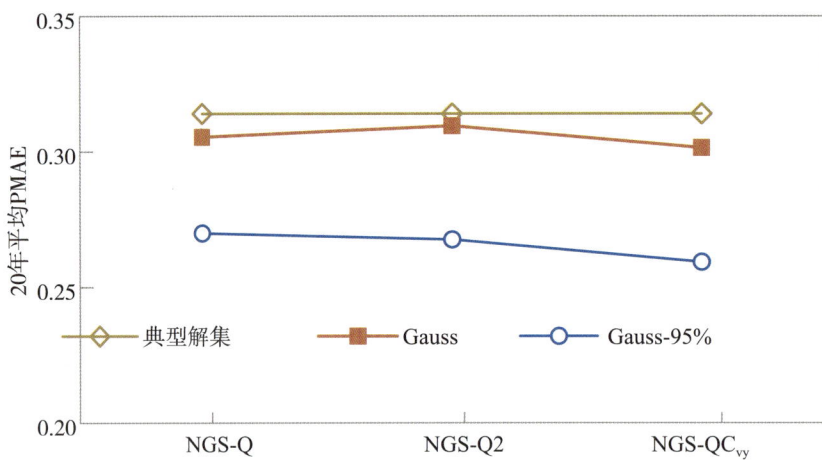

（c）PMAE（$\sigma=0.2$）

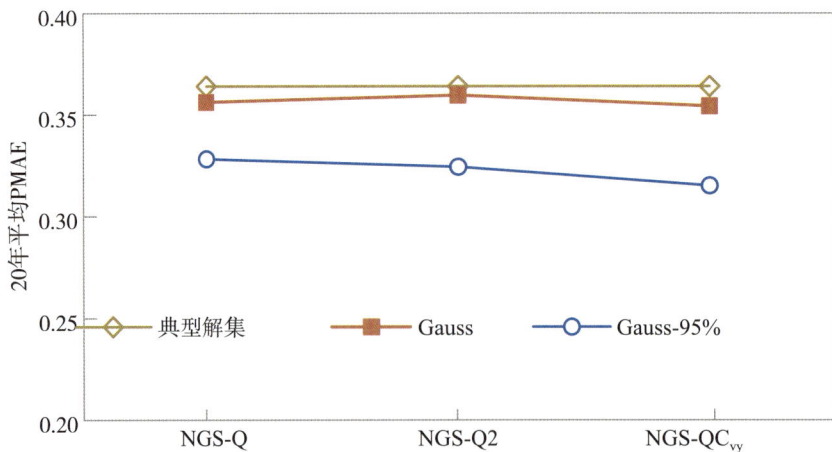

（d）PMAE（$\sigma=0.3$）

图 4-9　不同解集模型方法年内径流过程预报的 PMAE 指标对比

由图 4-10 中 3 种邻近样本选择准则可知,不同误差情景下 R 和 PMAE 指标均显示 NGS-Q 和 NGS-Q2 存在较小的差异,NGS-QC$_{vy}$ 较于 NGS-Q 和 NGS-Q2 的精度指标有一定改善,表明仅将 NGS-Q 方法的 K 增大 2 倍对模拟精度的改善不明显,而 NGS-QC$_{vy}$ 准则发挥了一定作用。

将直接采样法、区间约束采样法两种年内分配系数生成方法与典型解集法进行比较,结果显示:Gauss 直接采样方法较典型解集法有一定优化,且年预报不确定性增大时,R 和 PMAE 的优化效果越明显;有区间约束采样方法优于直接采样法,且大于直接采样法相对于典型解集法的优化幅度,可见适当减小分配系数采样区间的不确定性更有利于提高年内径流过程预报模拟精度。

总体上,本书提出的两种改进策略均有利于提高典型解集法的模拟精度,基于区间约束的高斯采样策略的优化效果较双因子邻近样本的改善效果更为显著。由表 4-8 和表 4-9 可知,将二者同时用于典型解集法的改进方法 NGS-QC$_{vy}$-95% 在年径流预报误差 $\sigma = 0, 0.05, 0.1, 0.15, 0.02, 0.25, 0.3$ 时,20 年平均 R 指标为 0.911~0.915,PMAE 指标为 0.20~0.32。

(3)年径流预报不确定性对年内过程预报的影响分析

根据表 4-8 和表 4-9 的结果,绘制 NGS-Q、NGS-QC$_{vy}$、NGS-Q-95%、NGS-QC$_{vy}$-95% 和典型解集法等 5 种方法的 20 年预报期平均预测精度随着年预报相对误差标准差参数 σ 的变化关系如图 4-10 所示。

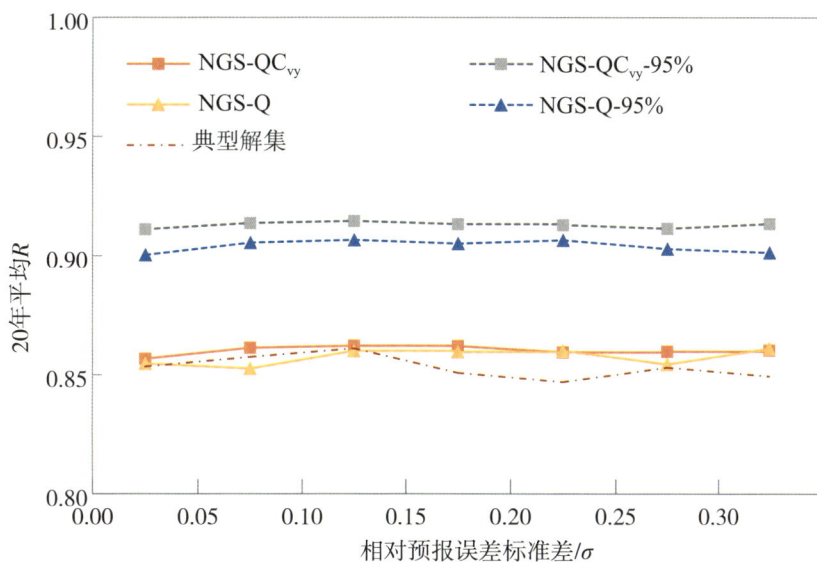

(a)R

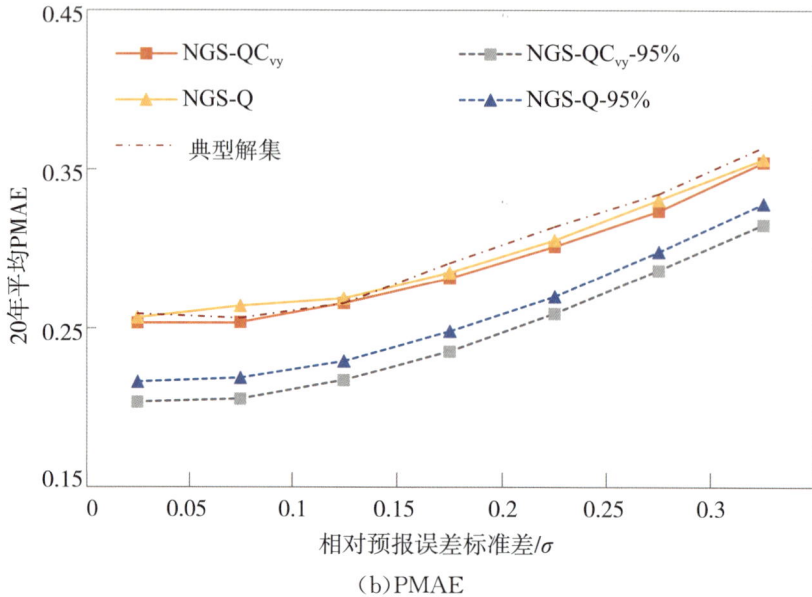

（b）PMAE

图 4-10 年内径流过程预测精度随年径流预报不确定性的变化关系

图 4-10（a）显示，随着 σ 的增加，R 指标的波动性较小；进一步比较不同解集方法可知，典型解集法的波动幅度为 0.003～0.01，NGS 方法的波动范围整体上略小于典型解集法，其中 NGS-QC$_{vy}$-95％的波动幅度小于 0.003。

由图 4-10（b）显示，随着 σ 的增加，PMAE 指标呈现上升变化趋势，在 $\sigma=0～0.1$ 时变化相对较缓，随着 σ 大于 0.1 直至 0.3，PMAE 增加速度变快，σ 每增加 0.05，NGS-QC$_{vy}$-95％的 PMAE 增加率为 0.018～0.288。

总体上，R 指标受年径流预报不确定性影响敏感性相对较低，反映了年内分配系数拟合的一致性程度受影响较小；PMAE 与年预报不确定性呈明显的正相关关系，且影响敏感程度随着不确定性的增大而增大，表明准确度高的年径流预报可提高年内径流过程的拟合精度，且较大的年预报误差经过解集模型的时程分配后倾向于将径流过程预报误差进一步放大。因此，运用解集模型时，需要尽可能提高年径流预报的精度以保障年径流过程预报拟合精度。

4.5 本章小结

本章针对年内径流过程预报的长预见期、多步长等带来的预报不确定性问题，提出了逐年滚动的自适应预报解集模式，将预报年径流分配至年内径流过程。首先从解集模型统计学含义出发提出了基于年径流和年内分配特征相关性分析的模型适用性评估方法,比较了解集模型在滚动预报和历史模拟两种情景年内径流过程预报中的适用性,并对径流年内分配特征的不确定性进行了量化分析;在此基础上,构建了考虑年径流预报不确定性的预报解集模型,并针对典型解集法存在不足提出了考虑年内分配不确定性的最邻近高斯采样解集方法。将所提模型用于溪洛渡旬尺度年内入库径流过程预报研究,验证了所提模型的改进效果,分析了年径流预报不确定性对年内径流过程预报效果的影响规律。

本章主要研究成果和结论如下:

1)基于相关性分析的解集模型适用性分析结果表明,历史情景的年内分配特征与年径流呈现较强的正相关性;在预报情景中,与未来年径流量邻近的历史样本,其年内分配并不一定能反映未来径流的分配特征,更需关注年径流推求年内分配过程存在的不确定性。

2)为分析量化年内分配特征的不确定性,对滚动变化样本的年内分配不均匀系数序列进行突变、趋势、周期等确定性成分识别,对剩余随机成分进行分布特征检验,结果表明剩余序列样本服从均值为 0、标准差为 $0.057 \sim 0.083$ 的正态分布,为考虑年内分配不确定性的预报解集模型构建提供依据。

3)不同预报解集模型的比较研究表明,有滚动预报通过对历史样本进行更新,更好地考虑了年际、年内动态演化特征,年内径流过程预报效果优于无滚动预报模式。本书提出的考虑径流年内分配不确定性的最邻近高斯采样法,较于典型解集方法提高了年内径流过程预测精度。

4)年径流预报不确定性对解集模型预报效果的影响分析表明,年内分配预报过程与实测过程的相关系数受年预报不确定性的影响较小;而年内过程预报误差指标与年预报不确定性呈明显的正相关关系,且影响敏感程度随着不确定性的增大而增大。因此,提高年径流预报水平有利于发挥解集模型的预报效果。

本章在第 3 章年径流滚动预报及不确定性分析的基础上,开展了基于时间解集模型的年内径流过程不确定性预报研究,为下一章水库预报调度及径流预报效益评估提供年内径流过程预报信息。

第 5 章　考虑径流预报不确定性的梯级水库优化调度研究

5.1　概述

　　水文径流预报是指导水库调度运行的重要输入信息,径流预报的不确定性,基于径流预报的水库调度会导致决策风险和效益损失。考虑水库调度效益目标,对径流预报效益进行评估以指导预报信息在水库调度决策中的有效运用,是水库预报调度中需要探讨的关键问题。然而,已有水文径流预报评价方法主要关注如何通过预报技术以减小误差或提高预测精度,考虑水库调度目标的预报评价相对较少。近年来,将径流预报应用于水库调度的研究取得了一定进展,但预报效益评估理论体系仍有待发展完善,尤其是如何量化评估不确定条件下的径流预报调度效益和风险,进而识别出有效的预报信息,亟须开展进一步研究。

　　因此,本章从预报信息的有效利用出发,围绕水库调度中的径流预报效益问题开展研究。一方面,从水库调度目标出发,提出基于有—无预报对比的径流预报效益评估方法,判断径流预报是否有利于指导水库提高调度效益,即预报信息是否有效;另一方面,针对径流预报的不确定性,采用预报年径流和时间解集模型对年内径流过程预报的不确定性进行描述,运用隐随机调度理论构建基于预报调度和理论最优调度对比的预报调度效益损失评估模型,研究预报不确定性对水库调度效益损失的影响,进而辨识不确定性预报信息的有效利用价值。

　　本章研究技术路线如图 5-1 所示。首先,基于水库预报调度模型分别构建预报效益评估模型和考虑预报不确定性调度效益损失评估模型,并给出预报有效性判别方法;在此基础上,从预报效益评估模型和预报不确定性对水库调度效益损失的影响两个方面开展实验研究。

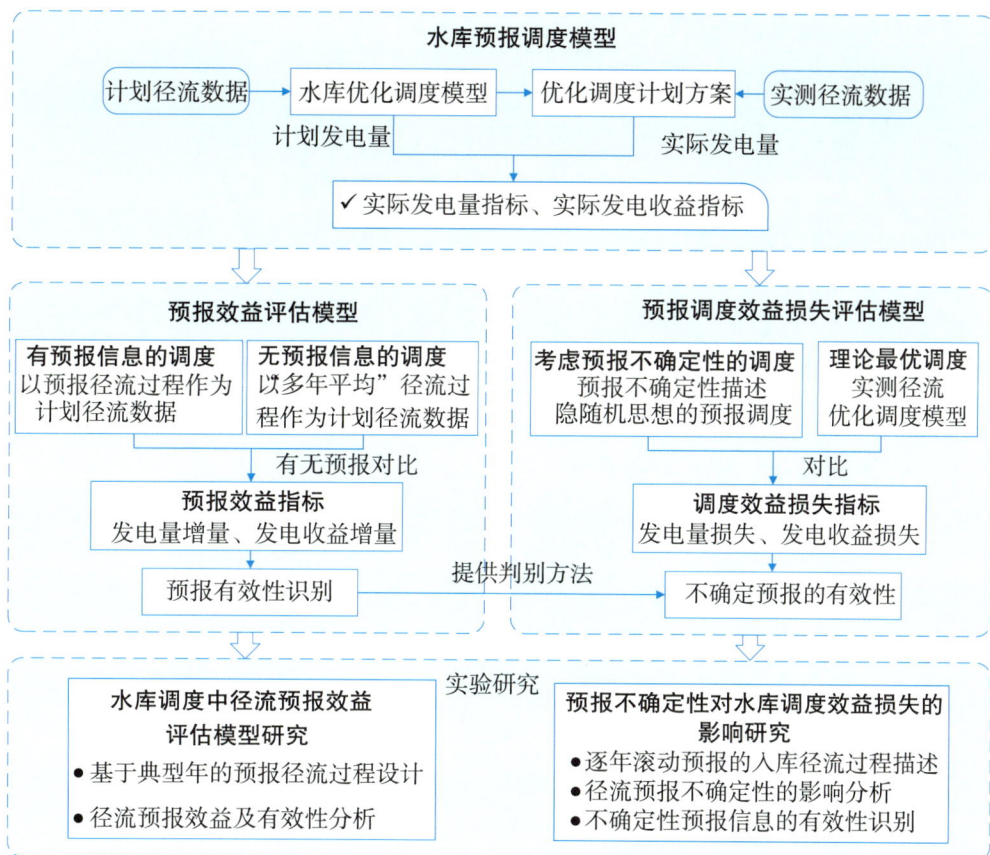

图 5-1 考虑水库发电调度目标的入库径流预报效益研究技术路线

5.2 水库预报调度及预报效益评估模型构建

5.2.1 梯级水库优化调度模型

在给定入库径流过程及约束条件下,建立以发电量最大为目标的梯级水库联合优化调度模型[170]。将预报径流过程作为模型输入,可进行调度计划方案编制;将实测历史径流过程输入模型,可从后评估的角度进行理论最优调度方案计算。

模型目标函数如下:

$$E = \max \sum_{i=1}^{M} \sum_{t=1}^{T} A_i \cdot Q_{i,t} \cdot H_{i,t} \cdot \Delta t \tag{5-1}$$

式中,E——梯级水库(水电站)年发电量;

t——时段变量;

T——年调度期时段数;

117

i——水电站个数变量；

M——参与调度的水电站数目；

A_i——第 i 个水电站的综合出力系数；

$Q_{i,t}$ 和 $H_{i,t}$——第 i 个电站第 t 时段的发电流量和发电水头；

Δt——调度时段长度。

调度约束条件如下：

（1）水库上、下限水位约束

$$\underline{Z}_{i,t} \leqslant Z_{i,t} \leqslant \overline{Z}_{i,t} \tag{5-2}$$

（2）水电站最大、最小出力约束

$$\underline{N}_{i,t} \leqslant N_{i,t} \leqslant \overline{N}_{i,t} \tag{5-3}$$

（3）最大、最小流量约束

$$\underline{Q}_{i,t} \leqslant Q_{i,t} \leqslant \overline{Q}_{i,t} \tag{5-4}$$

（4）水库水量平衡约束

$$V_{i,t+1} = V_{i,t} + (I_{i,t} - Q_{i,t}) \cdot \Delta t \tag{5-5}$$

（5）电站间水力联系约束

$$I_{i,t} = Q_{i-1,t} + q_{i,t} \tag{5-6}$$

式中，$Z_{i,t}$，$N_{i,t}$，$Q_{i,t}$，$V_{i,t}$，$I_{i,t}$，$q_{i,t}$——第 i 个电站第 t 个时段的初水位、出力、流量、库容、入库流量和区间入流；

$\underline{Z}_{i,t}$，$\overline{Z}_{i,t}$，$\underline{N}_{i,t}$，$\overline{N}_{i,t}$，$\underline{Q}_{i,t}$，$\overline{Q}_{i,t}$——第 i 个电站第 t 个时段的最小水位约束、最大水位约束、最小出力约束、最大出力约束、最小流量约束和最大流量约束。

本书优化模型求解采用离散微分动态规划（DDDP）[171]算法。

5.2.2　水库预报调度模型

本书将基于径流预报的调度计划指导实际运行的模型称为"预报调度模型"。

将通过预报模型得到的预报径流作为 5.2.1 节中水库优化调度模型的输入，生成优化调度计划方案。将用于制定调度计划的输入径流称为"计划径流"，记计划运行水位过程为 $Z_{i,t}{}^*$，计划发电量为 PE。

预报调度模型假定在实际运行调度中，水库按照计划水位 $Z_{i,t}{}^*$ 运行，以实测径流数据为输入，则可按式(5-7)计算实际发电量：

$$AE = \sum_{i=1}^{M} \sum_{t=1}^{T} A_i \cdot Q_{i,t} \cdot H^*_{i,t} \cdot \Delta t \tag{5-7}$$

式中，$H^*_{i,t}$——第 i 个电站在第 t 时段按照计划水位 $Z_{i,t}^*$ 运行的水头。

按照电力市场长期合约交易模式计算实际发电收益，记合约电价为 p_0，平均现货电价为 p_s，发电收益计算公式如下：

$$AB = PE \cdot p_0 + (AE - E) \cdot p_s \tag{5-8}$$

上述实际发电量和发电收益，反映预报信息为发电调度带来的实际效益，用于面向水库调度目标的径流预报效果的评价[172]。

5.2.3　预报效益及有效性评估模型

运用 5.2.2 节中的水库预报调度模型，分别进行有预报信息和无预报信息两种情景的预报调度计算。无预报下的计划运行水位记为 Z_{no}、计划发电量为 PE_{no}，有预报下的计划水位记为 Z_{pre}、计划发电量为 PE_{pre}。以实际径流为输入，按照 Z_{no} 和 Z_{pre} 指导运行，由式（5-7）计算的实际发电量分别为 AE_{no} 和 AE_{pre}，按式（5-8）计算实际发电收益分别为 AB_{no} 和 AB_{pre}。

采用有预报计划和无预报计划两种模式指导实际调度，通过有—无对比分析，提出"发电量增量"和"发电收益增量"两项评价指标，用于评价水库发电调度中的预报效益。若评价指标大于 0，则表明预报信息相较于无预报情景具有指导发电调度运行的价值，称为有效预报信息。

（1）发电量增量指标

$$\Delta E = AE_{pre} - AE_{no} \tag{5-9}$$

（2）发电收益增量指标

$$\Delta B = AB_{pre} - AB_{no} \tag{5-10}$$

5.2.4　考虑预报不确定性的调度效益损失评估模型

5.2.4.1　径流预报不确定性描述方法

假设年径流预报相对误差为无偏正态分布（均值为 0），采用蒙特卡罗模拟生成相对预报误差，按照第 4 章中的式（4-3）模拟年预报径流。在此基础上，采用时间解集模型生成径流年内分配系数，进行预报年径流过程的不确定性描述。

5.2.4.2　基于理论最优与实际偏差的效益损失评估

假设实际径流可以准确预报，则发电调度计划即为理想调度方案，实际发电效益为理论最优调度效益。本书以理论最优发电量（OPT）为基准,定义发电量损失指标和发电收益损失指标,以反映预报不确定性条件下的预报效益[173]。

（1）发电量损失指标（Gloss）

发电量损失指标为实际发电量距离理论最优发电量的差值,反映水能资源充分利用的程度,即差值越小代表实际发电的水能资源利用率越接近理论最优。

为考虑入库径流的不确定性,设第 n 年的径流不确定性模拟情景个数记为 S,则第 n 年的 Gloss 指标计算公式如下:

$$\text{Gloss}_n = \frac{1}{S}\sum_{s=1}^{S}(\text{OPT}_n - AE_{n,s}) \tag{5-11}$$

（2）发电收益损失指标（Bloss）

定义发电效益损失指标计算公式如下:

$$\text{Bloss} = \text{OPT} \cdot p_0 - AB \tag{5-12}$$

其中,AB 由式(5-8)计算得到。

本书将合约电价 p_0 和现货电价 p_s 描述为以下关系式:

$$p_s = \begin{cases} (1-\partial) \cdot p_0 & (AE \geqslant PE) \\ (1+\beta) \cdot p_0 & (AE \leqslant PE) \end{cases} \tag{5-13}$$

式中,参数 ∂ 和 β——超发和欠发两种情景下的电价浮动系数,其中 ∂ 取值范围为 0~1,β 取值大于 0。

假设 p_0 为单位"1"变量（$p_0 = 1$）,则式(5-12)转化为:

$$\text{Bloss} = \begin{cases} \text{OPT} - AE + (AE - PE) \cdot \partial & (AE \geqslant PE) \\ \text{OPT} - AE + (PE - AE) \cdot \beta & (AE \leqslant PE) \end{cases} \tag{5-14}$$

为考虑入库径流的不确定性,设第 n 年的径流不确定性模拟情景个数记为 S,则第 n 年的 Bloss 指标计算公式如下:

$$\text{Bloss}_n = \begin{cases} \text{OPT}_n - \dfrac{1}{S}\sum_{s=1}^{S}[AE_{n,s} - (AE_{n,s} - PE_{n,s}) \cdot \partial] & (AE \geqslant PE) \\ \text{OPT}_n - \dfrac{1}{S}\sum_{s=1}^{S}[AE_{n,s} - (PE_{n,s} - AE_{n,s}) \cdot \beta] & (AE \leqslant PE) \end{cases} \tag{5-15}$$

式(5-13)中,Bloss 和发电量的单位相同,$AE_{n,s}$ 和 $PE_{n,s}$ 分别为第 n 年第 s 组预报径流情景下的实际发电量和计划发电量。

5.2.4.3　不确定性预报信息有效性识别

不确定性预报信息的有效性识别采用 5.2.3 节中有—无预报对比的思想,即比较有、无预报信息下的发电收益损失指标 Bloss 和发电量损失指标 Gloss,若有预报信息的损失指标小于无预报信息的损失指标,则径流预报信息对于提高水库调度目标效益的是有效的。

5.3　水库调度中径流预报效益评估模型研究

5.3.1　研究对象与实验设计

以溪洛渡—向家坝梯级水库为研究对象,以溪洛渡水库 1956—2010 年的径流资料为研究数据,选取丰、平、枯 3 个典型年,验证 5.2.3 节中径流预报效益及有效性评估模型的实用性。本节调度计算以水库正常蓄水位作为调度的起始和结束水位,汛期按照汛限水位运行,水库特征参数见 1.4 节。

5.3.1.1　入库径流过程设计

以溪洛渡水库 1956—2010 年的月尺度径流为研究数据,进行三类入库径流过程的设计:无预报的计划径流设定、有预报的计划径流模拟和实际径流过程。

(1)无预报的计划径流设定

以溪洛渡水库 1956—2010 年的多年平均月径流过程作为无预报信息的计划径流过程。

(2)有预报的计划径流模拟

选取丰(2005 年)、平(2009 年)、枯(1958 年)3 个典型年,在典型年实测径流的基础上,设计 7 种年预报径流过程模拟。首先进行给定相对预报误差(−0.3,−0.2,−0.1,0,0.1,0.2,0.3)的年径流量模拟,进而采用丰、枯分级的逐月分配系数[164]将年径流分解为月尺度径流过程。

(3)实际径流过程

实际径流过程为选取的丰(2005 年)、平(2009 年)、枯(1958 年)3 个典型年实测径流数据。

丰、平、枯 3 个典型年的预报径流模拟结果如图 5-2 所示。图 5-2 中−0.3～0.3 代表不同年径流量相对预报误差下的月径流过程;mean 是多年平均径流,代表无预报计划径流过程(No forecast);observed 代表实测径流过程。以平均绝对百分比误差(MAPE)量化计划径流与实测径流序列的误差,3 个典型年的模拟预报径流序列误差指标如表 5-1 所示。

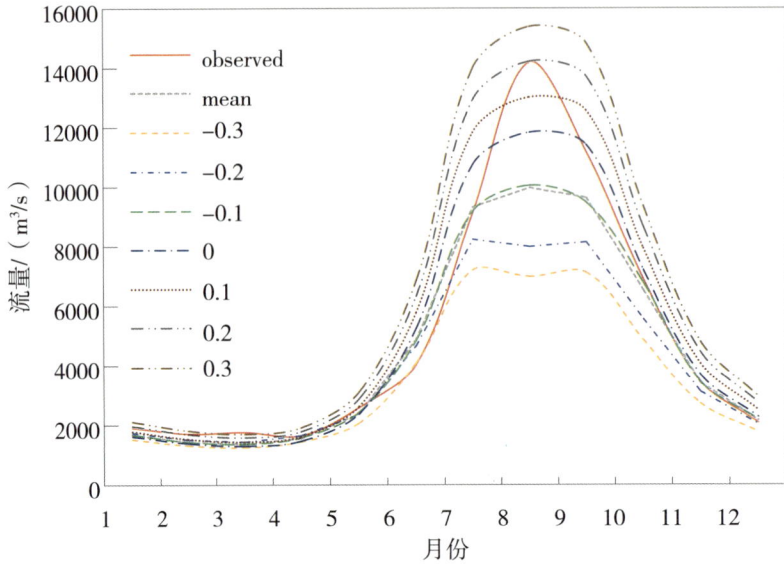

(a)丰水年

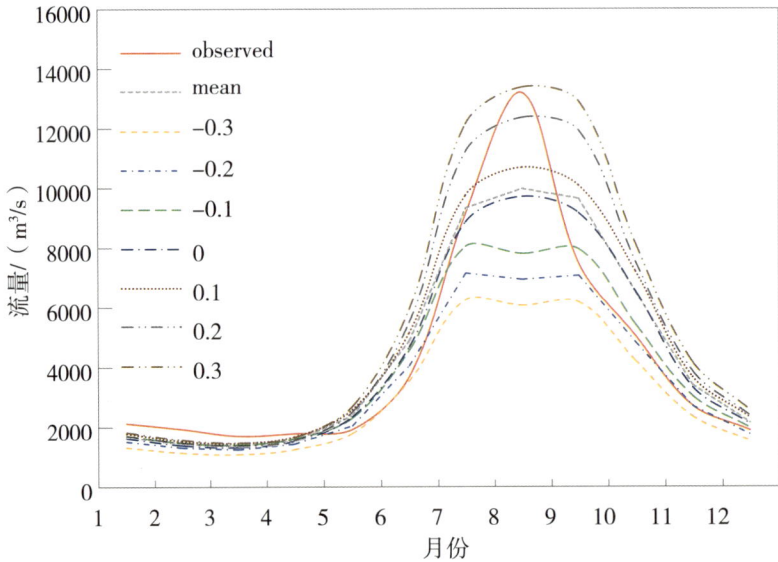

(b)平水年

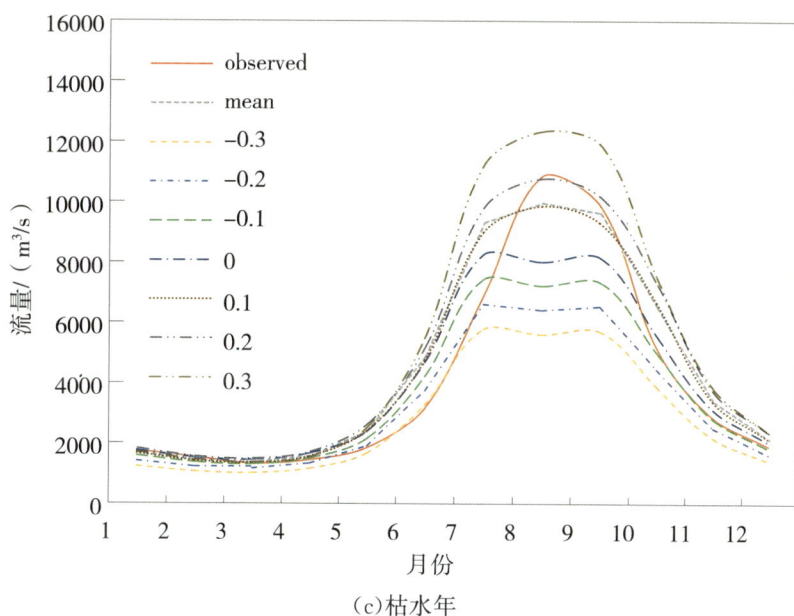

(c)枯水年

图 5-2　丰、平、枯 3 个典型年的预报径流过程模拟结果

表 5-1　　　　丰、平、枯 3 个典型年模拟预报径流序列误差评价结果

预测年径流相对误差	月尺度径流过程误差（MAPE）		
	丰水年	平水年	枯水年
无预报	0.12	0.22	0.17
−0.3	0.23	0.25	0.25
−0.2	0.15	0.18	0.17
−0.1	0.11	0.16	0.13
0.0	0.14	0.21	0.16
0.1	0.15	0.24	0.17
0.2	0.20	0.30	0.23
0.3	0.28	0.34	0.27

5.3.1.2　发电调度实验设计

按照 5.2.2 节中水库预报调度理论进行发电调度实验研究,按式(5-7)和式(5-8)计算预报调度的实际发电量 AE 和发电收益 AB。其中,发电收益 AB 计算取决于电力市场交易模式,不同的定价规则会导致不同的计算结果,本书在给出通用模型的基础上,仅选择典型的交易模式进行实验研究。

本书调度实验假定电力市场长期合约交易模式为:实际与计划电量发电一致时,

按合约电价交易;实际发电量高于计划发电量时,超发电量以低于合约电价向市场出售;实际发电量低于计划电量时,欠发电量以高于合约价格向市场购电,以满足买电方的合约需求。在此交易模式下,按前述规则设置多组电价组合,均满足超发电量时发电收益较计划收益增大,欠发电量时发电收益较计划收益减小的规律。因此,本书以合约电价为 0.48 元/(kW·h)、超发电量的出售现货电价为 0.3 元/(kW·h)、欠发电量的购电电价为 0.62 元/(kW·h)为例给出预报调度效益实验结果。

5.3.2 实验结果分析

在调度计算结果的基础上,进行有、无预报信息的预报调度效益对比分析。丰、平、枯 3 个典型年在无预报和有预报情景下的调度计划和实际调度结果对比,以及预报调度效益指标结果如表 5-2 至表 5-4 所示,表中发电量增量和发电收益增量为由式(5-9)、式(5-10)计算的有、无预报的调度效益偏差值。

1)分析径流过程对计划调度和实际调度的影响,计划径流过程对发电计划编制有较大的影响,入库径流量越大,计划发电量越大。由于计划径流过程和实际径流过程之间的误差,因此按计划水位运行时,实际发电量与计划发电量之间存在偏差,总体上,发电量偏差随着径流预报误差呈正相关关系。

2)对比无预报和有预报调度计划下的实际发电量,在丰水年,除 -0.2 的年径流误差以外,有预报的实际发电量比无预报有所减小;在平水年,年径流量预报误差为 $-0.1\sim0.1$ 时,有预报的实际发电量较于无预报有所增加,即预报信息有效;在枯水年,有预报的实际发电量有所减小。因此,仅从实际发电量看,由于年径流量和年内分配过程均存在预报不确定性,其预报调度与基于多年平均径流的无预报调度相比,未显示出绝对的有效性。

3)对比无预报和有预报计划下的实际发电收益,丰水年预报误差为 $-0.1\sim0$,有预报计划下的实际发电收益有所增加,平水年预报误差为 $-0.2\sim0$ 时,有预报计划下的实际发电收益有所增加,枯水年预报误差为 $-0.1\sim0.1$ 时,有预报计划下的实际发电效益增加,预报信息有效。

4)从三组典型结果来分析预报信息的有效性,在年径流过程难以精准预报的前提下,以发电量为目标的调度采用多年平均径流作为计划径流进行发电计划编制,往往更有利于实际运行中获得更大的发电量;而以合约市场的发电效益为决策目标时,运用预报误差较小的径流过程作为发电计划的编制依据更有利。

　　从总体上看,预报误差越小,预报调度效益越好,但径流预报误差和预报调度效益指标并不是呈现简单的正相关关系;除预报径流量误差外,预报调度效益与实际径流的丰枯、年内时间分配以及调度目标均有较大的关系,以调度目标函数为量化指标的评价方法较于预测精度评价,更有利于从实际应用的角度综合考量径流预报效果的优劣,为水库调度中合理运用预报信息提供有用的参考。

表 5-2　　　　　　　　　　　　　丰水年预报调度效益评价结果

计划年径流误差	计划径流序列误差 MAPE	计划发电量 PE /(亿 kW·h)	实际发电量 AE /(亿 kW·h)	发电量增量 ΔE /(亿 kW·h)	实际发电收益 AB /亿元	收益增量 ΔB/亿元
无预报	0.12	916.646	929.032	—	443.706	—
−0.3	0.23	796.072	929.032	−0.0002	422.002	−21.703
−0.2	0.15	878.304	929.037	0.0049	436.806	−6.900
−0.1	0.11	926.703	928.976	−0.0564	445.499	1.793
0.0	0.14	932.983	929.030	−0.0015	445.381	1.675
0.1	0.15	967.384	928.283	−0.7494	440.101	−3.604
0.2	0.20	996.504	928.306	−0.7256	436.039	−7.667
0.3	0.28	1024.537	928.762	−0.2698	432.397	−11.309

表 5-3　　　　　　　　　　　　　平水年预报调度效益评价结果

计划年径流误差	计划径流序列误差 MAPE	计划发电量 PE /(亿 kW·h)	实际发电量 AE /(亿 kW·h)	发电量增量 ΔE /(亿 kW·h)	实际发电收益 AB /亿元	收益增量 ΔB/亿元
无预报	0.22	916.646	833.860	—	388.663	—
−0.3	0.25	697.442	833.233	−0.6271	375.509	−13.153
−0.2	0.18	791.523	833.859	−0.0007	392.632	3.969
−0.1	0.16	865.477	833.867	0.0070	405.946	17.283
0.0	0.21	907.286	833.862	0.0017	389.974	1.312
0.1	0.24	955.880	833.867	0.0070	383.174	−5.488
0.2	0.30	948.617	833.752	−0.1080	384.120	−4.543
0.3	0.34	976.204	833.597	−0.2629	380.162	−8.501

表 5-4　　　　　　　　　　枯水年预报调度效益评价结果

计划年径流误差	计划径流序列误差 MAPE	计划发电量 PE /(亿 kW·h)	实际发电量 AE /(亿 kW·h)	发电量增量 ΔE /(亿 kW·h)	实际发电收益 AB /亿元	收益增量 ΔB/亿元
无预报	0.17	916.646	833.107	—	388.196	—
−0.3	0.25	644.315	832.709	−0.3979	365.790	−22.406
−0.2	0.17	734.609	832.979	−0.1282	382.123	−6.073
−0.1	0.13	816.869	832.974	−0.1329	396.929	8.733
0.0	0.16	880.061	833.106	−0.0017	408.343	20.147
0.1	0.17	915.872	833.105	−0.0023	388.303	0.107
0.2	0.23	958.609	833.106	−0.0017	382.320	−5.876
0.3	0.27	948.665	832.987	−0.1204	383.639	−4.557

5.4　预报不确定性对水库调度效益损失的影响研究

5.4.1　研究对象与实验设计

本书以溪洛渡—向家坝梯级水库为研究对象,以溪洛渡 1956—2010 年的历史入库径流资料作为研究数据,将 55 年的数据资料分为初始训练期(1956—1990 年)和预报期(1991—2010 年),基于第 4 章中解集模型构建不确定性年内径流过程预报结果作为预报期入库径流预报信息,开展 1991—2010 年梯级水库的不确定性预报调度模拟实验,运用 5.2.4 节中基于隐随机思想的预报效益损失评估模型,评估径流预报不确定性对溪洛渡—向家坝梯级发电调度效益损失的影响。

本节水库调度计算以 1 年为调度期、以旬调度时段,以正常蓄水位作为调度的起始水位和结束水位,汛期按照汛限水位运行,水库特征参数见 1.4 节。

(1)预报径流设计

采用第 4 章中提出的解集模型进行不确定条件下的预报径流过程模拟,分为年径流预报误差设计、预报年径流时段分解两个阶段。

1)年径流量预报相对误差以均方差 σ 为参数,设计 7 种预报情景,包括完美预报($\sigma=0$),以及 6 种误差情景($\sigma=0.05,0.1,0.15,0.02,0.25,0.3$)。对于完美预报情景,20 年的预报径流即为当年实际径流量;对于 6 种误差情景,每一种误差情景按照高斯分布生成大小为 30 的误差样本,基于实际径流生成相应误差的预报径流。因此,20 个预报年,每一年具有 6 种误差情景,每种误差情景具有 30 组预报径流量。

2)采用表 4-6 中直接高斯采样法(NGS-Q,本节称为 NGS 法)作为解集模型,考虑历史样本随预报年的逐年滚动更新,进行 7 种情景的预报径流的年内时段分解。对于完美预报,20 个预报年按照实际径流量进行时段分解,考虑 NGS 法的生成分配系数的随机性,因此每年进行 30 次重复实验;对于其他 6 种预报情景,将阶段①中每年生成的 30 组预报径流量分别进行年内时段分解,得到预报径流过程,即每一种误差情景下的 20 个预报年一共有 600 组预报径流模拟结果。

(2)调度实验设计

调度实验分为有预报信息的计划调度和无预报信息的计划调度两个部分。①将(1)中设计的 7 种预报模拟情景($\sigma=0,0.05,0.1,0.15,0.02,0.25,0.3$)作为有预报信息的计划径流数据,研究预报不确定性对发电调度效益损失的影响;②将自适应变化的多年平均历史入库径流过程(历史样本随预报年而逐年滚动更新)作为预报期无预报信息的计划径流,通过有、无预报信息的计划调度对比,识别不确定性条件下的预报信息的有效性。

为计算 Bloss 指标,设置多组 ∂,β 参数$(0.3,0.3)$、$(0.3,0.4)$、$(0.4,0.3)$ 和 $(0.4,0.4)$进行比较。计算结果显示:在 4 组参数下,Bloss 指标与预报不确定性之间的变化具有相同的趋势。本书给出调度实验结果中 Bloss 由参数$(0.4,0.4)$计算得到。

5.4.2　实验结果分析

表 5-5 给出了 7 个有预报情景和无预报情景下调度效益指标 Bloss(发电收益损失指标)和 Gloss(发电量损失指标)在预报期(1991—2010 年)内的统计参数,表中 MEAN、STD 分别表示 20 年预报期的效益指标平均值和标准差。

表 5-5　　　　　　　　　预报期 Bloss 和 Gloss 的平均值和标准差统计参数　　　　　(单位:亿 kW·h)

预报情景	发电收益损失 Bloss		发电量损失 Gloss	
	平均值 MEAN	标准差 STD	平均值 MEAN	标准差 STD
$\sigma=0.00$	14.62	10.29	1.40	1.20
$\sigma=0.05$	17.53	8.60	1.48	1.17
$\sigma=0.10$	20.59	7.08	1.45	1.19
$\sigma=0.15$	24.48	5.75	1.47	1.22
$\sigma=0.20$	29.14	4.88	1.50	1.25
$\sigma=0.25$	33.18	5.16	1.46	1.27

预报情景	发电收益损失 Bloss		发电量损失 Gloss	
	平均值 MEAN	标准差 STD	平均值 MEAN	标准差 STD
$\sigma=0.30$	35.08	5.11	1.45	1.31
无预报	26.89	16.46	1.15	1.76

(1)径流年内分布不确定性对调度效益损失的影响

为了研究年内时间分布不确定性对调度的影响,分析了预报情景 $\sigma=0$ 的预报调度结果,排除年径流预报误差的影响。预测期 20 年的年发电量及发电收益指标如图 5-3 所示。从图 5-3(a)可以看出,实际发电量与最优发电量的偏差较小;除 1991 年、1994 年、1997 年、2006 年和 2010 年外,计划发电量与实际发电量存在明显偏差,也带来了发电收益损失。由式(5-14)可知,发电收益损失指标(Bloss)的实际是在发电量损失指标(Gloss)的基础上累加了超发或欠发电量产生的收益变化,因此发电收益损失(Bloss)总体上大于发电量损失(Gloss)。图 5-3(a)的结果与图 5-3(b)所示的 20 年平均 Bloss 指标显示的结论一致,20 年平均 Bloss 为 14.62 亿 kW·h,占理论最优效益的 1.68%,而 20 年平均 Gloss 为 1.4 亿 kW·h,占理论最优发电量的 0.16%。

结果表明,年内时间分配模拟的不确定性对调度计划发电量有明显的影响,导致发电量损失和电力市场下的发电收益损失,其中对发电收益的影响更大。

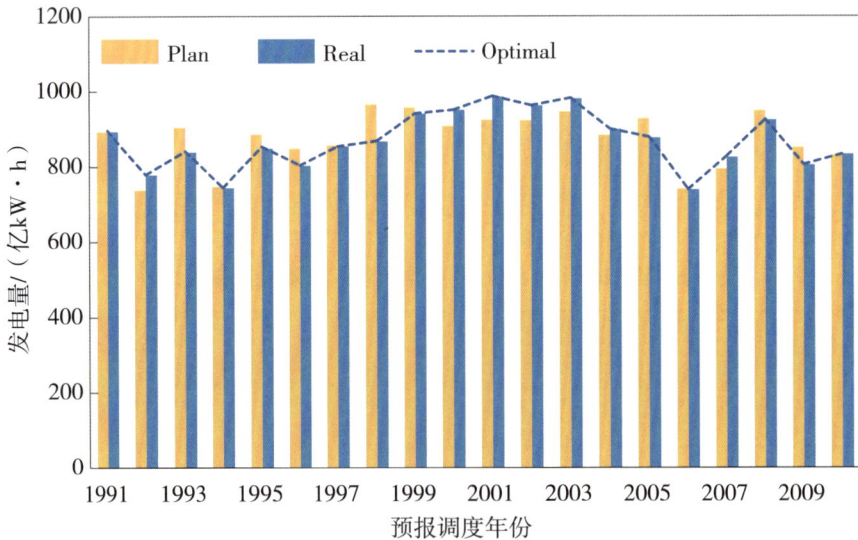

(a)发电量

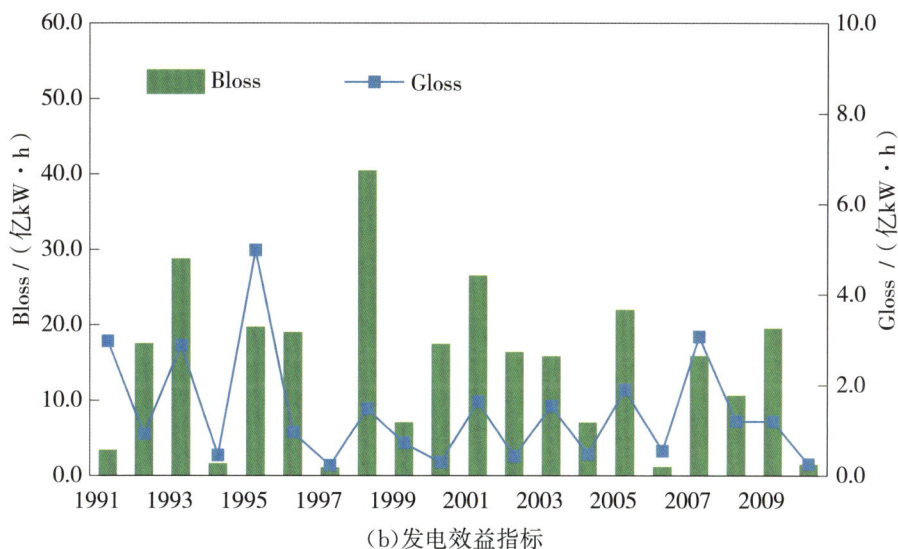

（b）发电效益指标

图 5-3 预测情景 $\sigma=0$ 的预报调度期年发电量和发电收益指标（**Plan** 和 **Real** 分别代表计划和
实际发电量，**Bloss** 和 **Gloss** 分别为发电收益损失和发电量损失）

（2）年径流预报不确定性对调度效益损失的影响

为了研究年预报不确定性的影响，分析了预报调度的 Bloss 和 Gloss 随预报误差
标准差 σ 的变化规律。图 5-4 为 1991—2010 年 Bloss 和 Gloss 随 σ 的变化关系。从
图 5-4（a）和图 5-4（b）的曲线可以看出，除 1998 年外，Bloss 随 σ 的增大而增大（1998
年的情况将在后文中进一步分析）。但是，图 5-4（c）和图 5-4（d）的结果表明，大多数
年份的 Gloss 与 σ 不存在正相关关系，而是在一定范围内波动，其中有 12 年小于 0.3
亿 kW·h，有 8 年为 0.3 亿 kW·h 到 1.27 亿 kW·h。

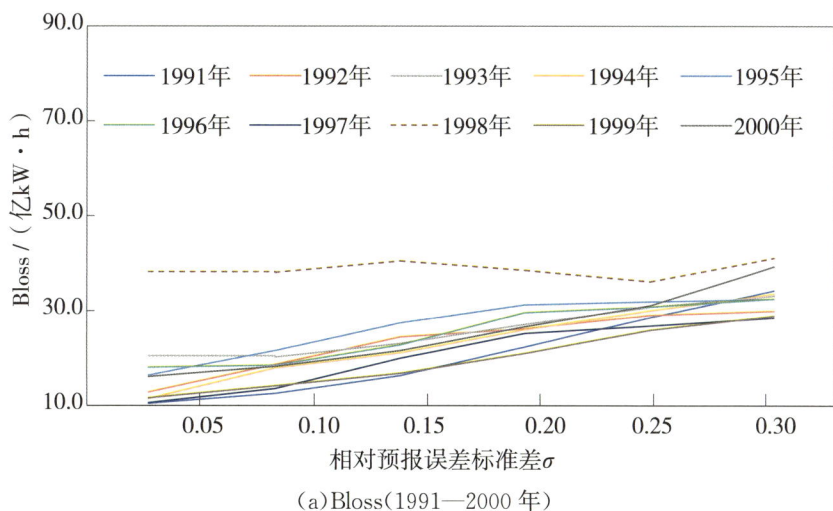

（a）Bloss（1991—2000 年）

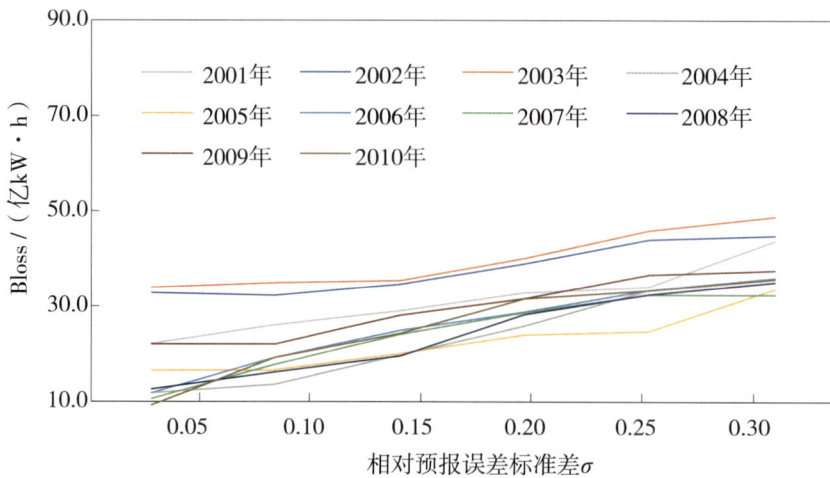

（b）Bloss（2001—2010 年）

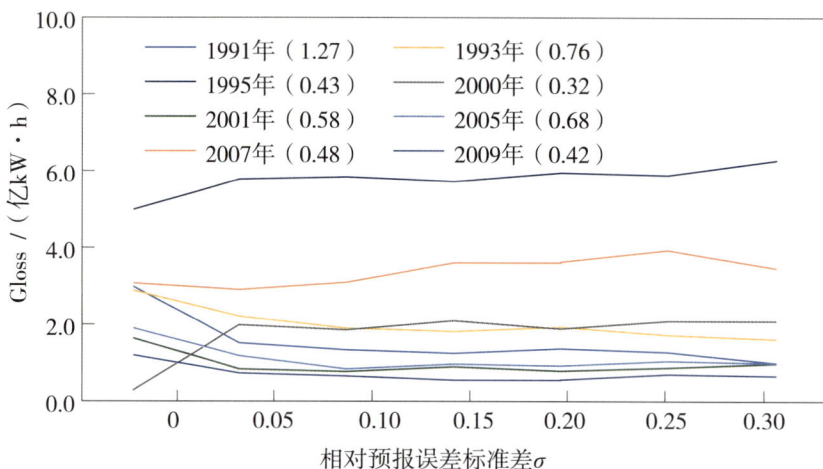

（c）Gloss 变化范围大于 0.3

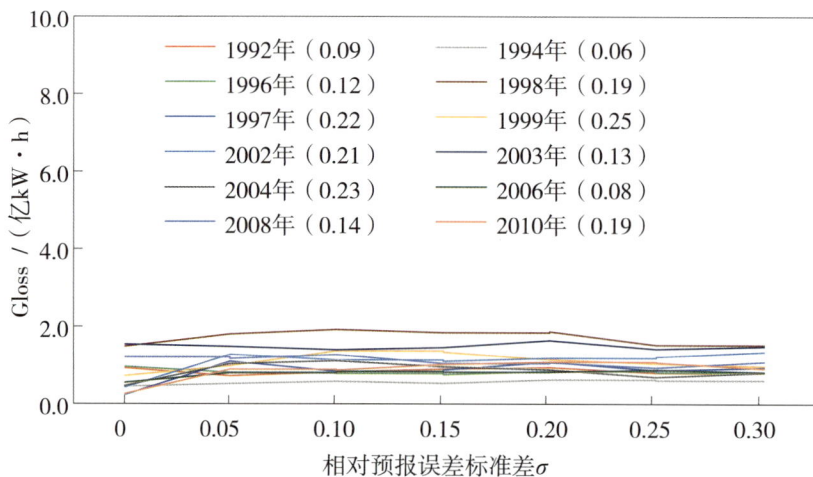

（d）Gloss 变化范围小于 0.3

图 5-4　Bloss 和 Gloss 随 σ 的变化关系

总之,除少数特殊年份外,年入库径流预报的不确定性会造成一定的发电量损失,未能对水电资源进行最优化利用,也会造成发电收益损失。一般来说,不确定性越高,发电收益损失越大。

(3)不确定性条件下径流预报信息的有效性识别

根据表 5-5 中有预报和无预报径流调度情景的调度效益损失指标的统计参数值,绘制 7 种有预报情景和无预报情景的效益指标对比图(图 5-5)。从均值统计来看,有预报情景的发电量损失 Gloss 略大于无预报情景;当 σ 在 0~0.15 时,有预报情景的发电收益损失 Bloss 低于无预报情景。若以年径流相对预报误差标准差 σ 作为有效性判别指标,Bloss 结果表明有效预报的平均阈值 $\sigma=0.15$。

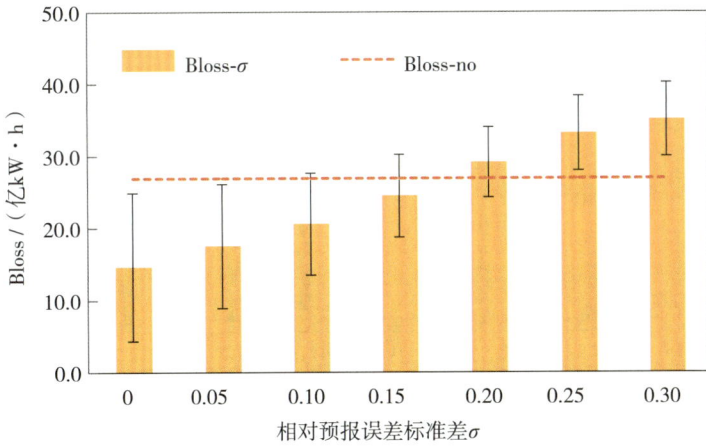

(a)Bloss

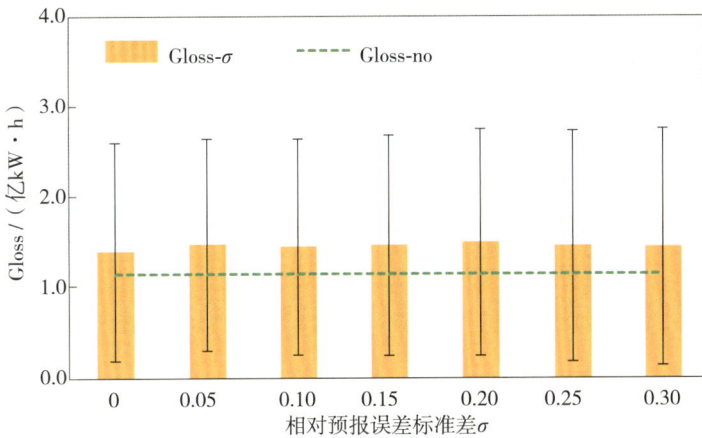

(b)Gloss

图 5-5 预报期有—无预报情景的 Bloss 和 Gloss 统计参数对比($-\sigma$,$-$no 代表有预报和无预报情景的平均值 MEAN,黑色的线段代表 MEAN$\pm$1 STD)

　　进一步分析每个预报年的预报信息有效性,给出预报期 20 年的分析结果,如图 5-6 所示。从图 5-6(a)中可以看出 20 个年份的有效预报信息的阈值。以 2008 年为例说明该图的含义,当 σ 不大于 0.05 时,有预报的入库径流比无预报更能有效地提高调度效益。同理,当 σ 不大于 0.05、0.1、0.15、0.2、0.25、0.3 时,有效预报年份为 3、6、8、8、9、13、17 年,据此绘制不同 σ 阈值下的有效预报年份累计频率曲线,如图 5-6(b)所示。仅在 1998 年、2004 年和 2005 年 3 个年份,由于基于解集模型的径流模拟存在时间分布的不确定性,即使准确的年径流预报($\sigma=0$),有预报的调度效益也未能达到无预报信息的调度水平。

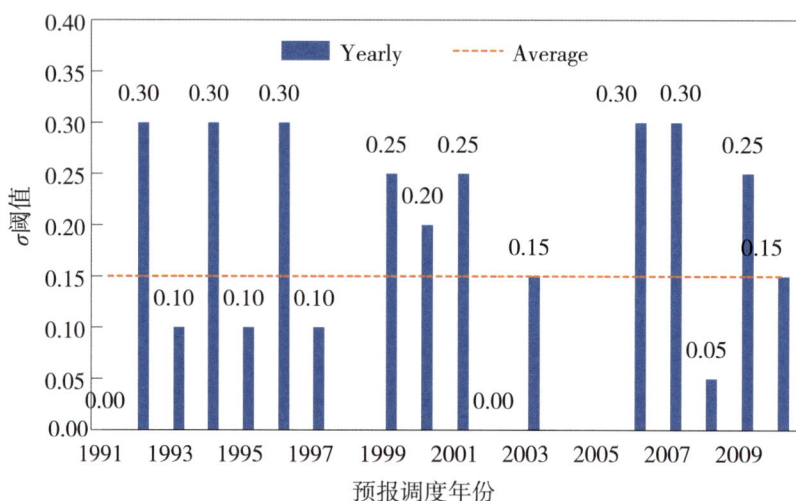

(a)有效预报的 σ 阈值

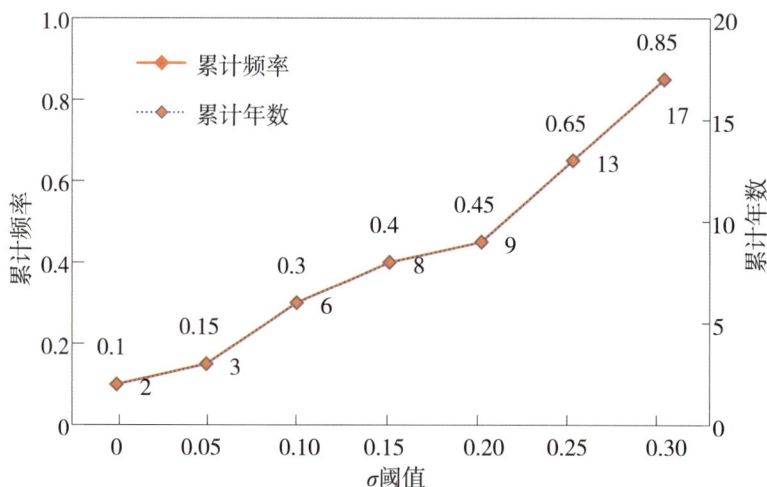

(b)有效预报年份累计频率

图 5-6　以 Bloss 为评价指标的有效预报阈值和累积频率曲线

(符号 Yearly 表示在每一年的有效 σ 阈值,Average 表示 20 年的平均有效阈值)

可以得出结论,在一定的年径流预报误差范围内,预报信息有利于提高电力市场下的发电收益,且不同的年份对预报信息准确度要求存在差异。但是,如果仅关注年发电量,多年平均入库流量制订发电调度计划也是一种有效的方法。

(4)年径流预报和年内分布不确定性的进一步讨论

图 5-4(a)中 1998 年的 Bloss 表现出与其他年份一般规律不同的特征,并且图 5-6 中有 3 年(1998 年、2004 年和 2005 年)未能识别出有效径流预报信息的阈值。选择 1998 年和 2005 年作为代表,并以 2001 年作为对比,进一步讨论年径流预报和年内分布不确定性对调度效益损失的影响。

由式(5-8)可以看出,由于入库径流预报的不确定性,Bloss 会受到计划与实际发电量偏差的影响,将此偏差记为 BIAS。实验证明,Bloss 与 BIAS 的绝对值(记为 absBIAS)具有严格的线性正相关关系。因此,研究了计划—实际发电量偏差 BIAS 与预报不确定性之间的关系,结果如图 5-7 所示。

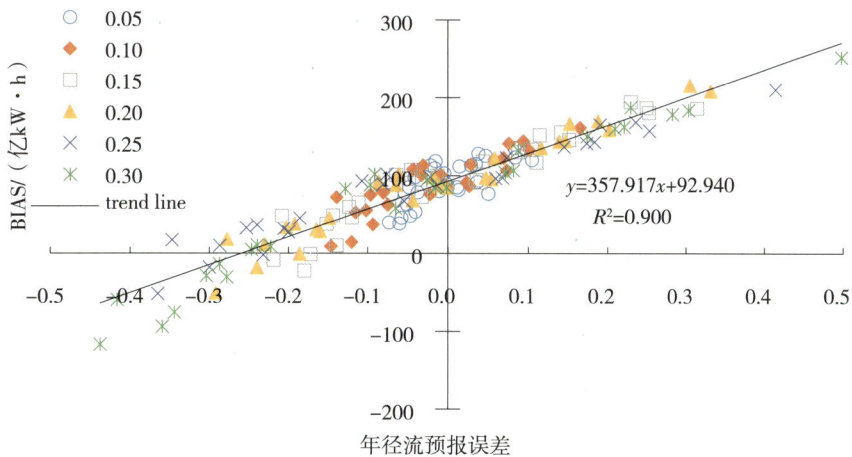

(a)1998 年 BIAS 按误差分布

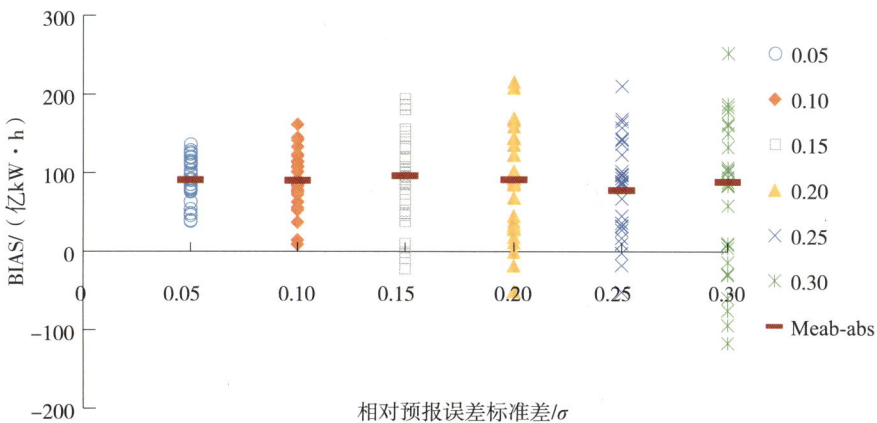

(b)1998 年 BIAS 按 σ 分布

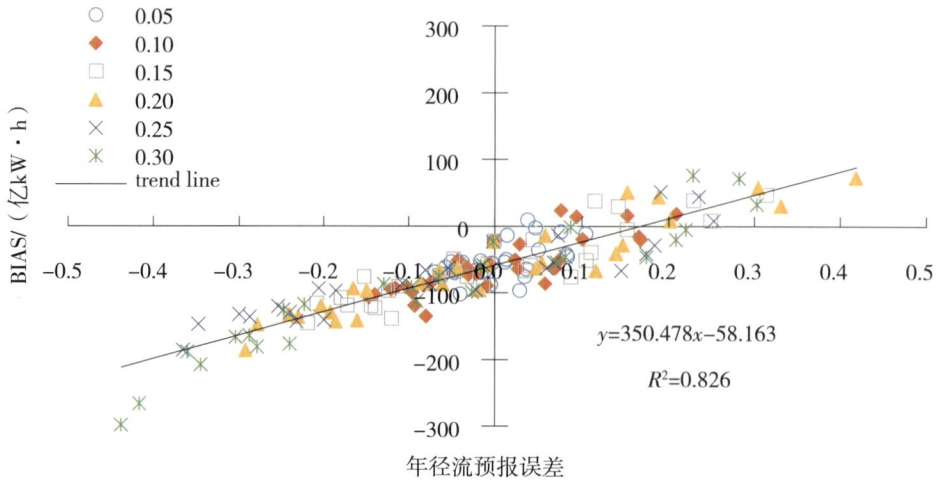

(c)2001 年 BIAS 按误差分布

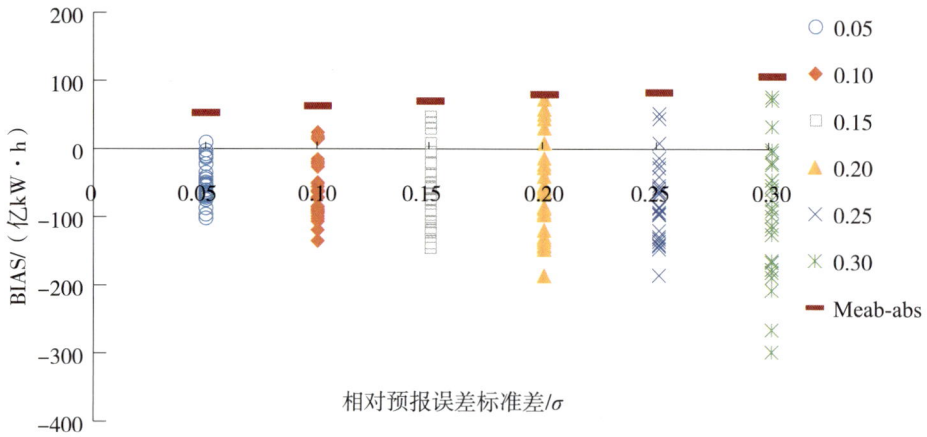

(d)2001 年 BLAS 按 σ 分布

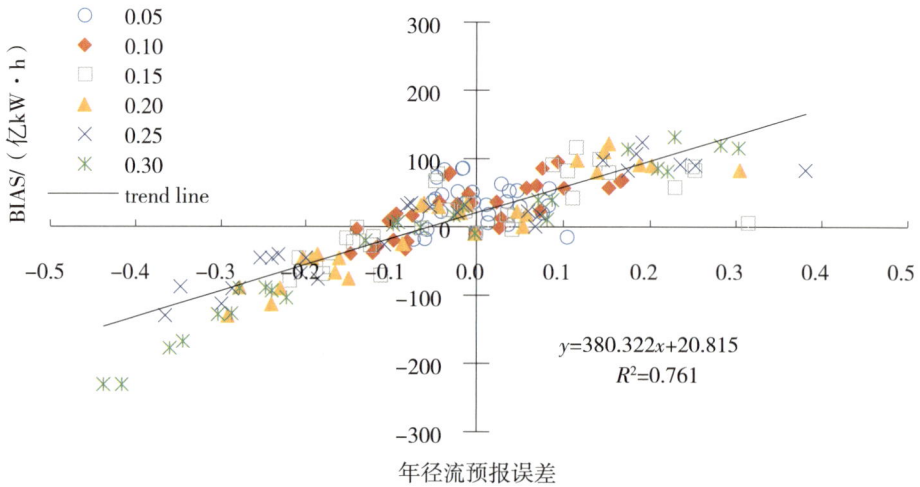

(e)2005 年 BIAS 按误差分布

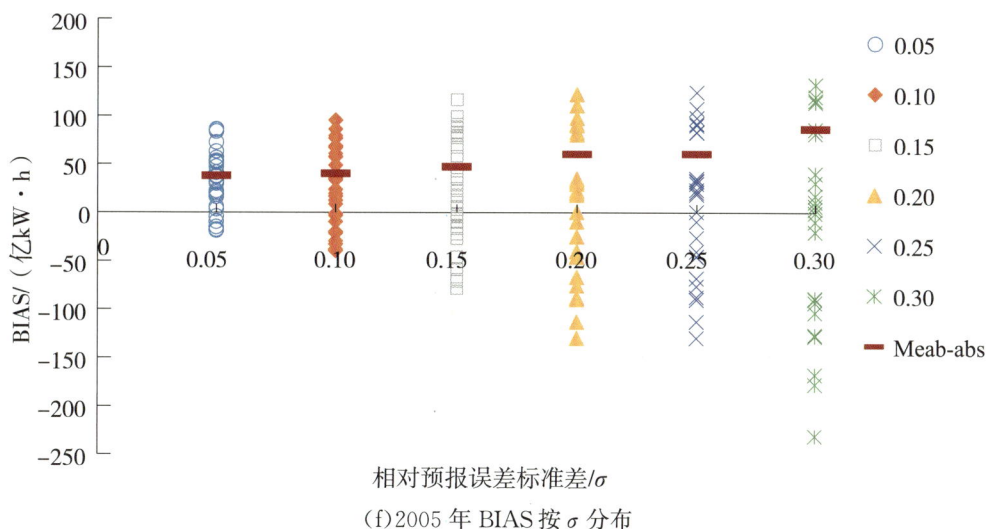

(f) 2005 年 BIAS 按 σ 分布

图 5-7 1998 年、2001 年和 2005 年计划—实际发电量偏差(BIAS)与
年径流预报不确定性之间的关系(Mean-abs 代表偏差绝对值(abs-BIAS)在不同 σ 下的平均值)

由图 5-7(a)、图 5-7(c)、图 5-7(e)可以看出,偏差 BIAS 随年径流预报误差的增大而增大,但从偏差为 0 时的趋势线来看,1998 年、2001 年和 2005 年的误差分别约为 -2.6、1.6 和 -0.05,均不等于 0。也就是说,基于历史样本统计特征的时间解集模型生成的预报径流年内分布系数未能与实际情况准确吻合,入库径流的时间分布规律有待进一步讨论。

在图 5-7(b)、图 5-7(d)、图 5-7(f)给出了 BIAS 按 σ 的分布,并计算了每个 σ 的 abs-BIAS 的平均值,记作 Mean-abs。1998 年的 BIAS 分布导致 $\sigma = 0.25$ 时的 Mean-abs 较小,从而导致 Bloss 较小。对比 1998 年、2001 年和 2005 年 7—9 月的年平均流量和汛期流量占比,年平均入流量分别为 6205m³/s、5648m³/s 和 5066m³/s,汛期入库流量占比分别为 67%、52% 和 57%。其中,1998 年入库径流量虽在 20 个预报年份中排名第一,但年内分布极不均匀,主要集中在汛期,因此模拟的预报径流年内分布与实测径流分布的差异较大。

总体上,除年内分布极不均匀的年份外,年径流预报的不确定性对预报调度效益的影响呈现出一般的规律。本书分别从年径流和年内分布两个方面对入库径流的不确定性进行了讨论,如何将二者结合来量化水库预报调度中预报信息的效益和有效性,有待在后续工作中进一步研究。

5.5 本章小结

为探究水库调度中如何有效利用预报信息的问题,本章以水库发电调度为目标,

135

以发电量和电力市场下的发电收益为效益指标,提出了径流预报效益及其有效性评估模型,进一步耦合不确定性预报信息建立了水库调度效益损失评估模型。以溪洛渡—向家坝梯级水电站为研究对象,选取丰、平、枯三个典型年进行实验研究,验证了所提预报评估模型的实用性;以 1990—2010 年为预报期,以基于解集模型的年内径流过程预报信息作为入库径流,研究了滚动预报模式下不确定性径流预报对水库调度效益损失的影响及有效预报阈值。

主要研究成果和结论如下:

1)本书提出的考虑调度目标的预报效益及有效性评价方法能直观地反映预报信息为调度带来的实际效益,较于水文上基于实测值拟合程度的精度评价方法,对水库调度合理运用预报信息更具有指导价值。

2)丰、平、枯三个典型年的结果分析表明,年径流量预报误差越小,总体上预报效益越好;但除径流量预报误差外,预报调度效益与实际径流的丰枯、年内时间分配以及调度目标均有较大的关系。因此,需要综合分析预报调度效益以评价预报的有效性,为水库调度中合理运用预报信息提供有用的参考。

3)20 年预报期的调度结果表明,基于解集模型的径流过程预报方法有效简化了多步、长期预报不确定性的描述。除年内分布极不均匀的特殊年份外,此方法可用于反映年径流预报不确定性对调度效益损失影响的一般规律。

4)与基于多年平均径流的无预报情景相比,不确定性预报信息对发电量提高未见明显效果,但具有一定准确性的径流预报有利于提高发电收益;以发电收益为决策目标时,以年径流相对预报误差标准差为预报信息的有效性判定阈值,20 年预报期的多年平均阈值为 0.15,20 个预报年的阈值分布在 0～0.3。

5)根据发电效益损失指标,入库径流预报的不确定性会造成一定的发电损失,从而导致发电收益损失。特别是在电力市场中,年径流预报的不确定性越高,发电收益损失越大,一定精度径流预报是提高调度效益的有效手段。

本章水库调度和预报效益研究可扩展应用于不同调度目标的研究,针对不同目标函数定义相应的预报调度效益计算公式,调度模型和目标函数的定义还可考虑不同调度时段的多目标需求,可为径流预报效果评价提供一种新的思路。

第 6 章 总结与展望

6.1 研究工作总结

由于水文径流过程及其影响因素的复杂性,中长期径流预报一直是尚未解决的难点问题,预报不确定性的存在制约了水库调度效益的发挥。本书围绕变化环境下年径流自适应预报及预报不确定条件下水库优化调度中面临的关键科学技术问题,以加法预报模型、分解集成预报模型、时间解集模型、水库优化调度模型等为模型理论基础,构建了自适应预报调度研究框架,以金沙江下游流域及溪洛渡—向家坝梯级水库为研究对象开展研究。从数据驱动模型机理出发,探索了自适应加法预报模型的数据驱动机制,探究了径流分解集成对预报模型适用性的影响机理,提出了年内径流过程不确定性预报的解集模型并探讨其在自适应预报模式的适用性;从预报不确定性存在的客观现实出发,提出了水库入库径流预报效益评价模型,辨识径流预报在水库调度中的有效性。研究成果可为实用的径流预报模型构建提供理论和方向指导,为预报成果应用于指导水库调度提供决策判据。

本书取得的创新性研究成果包括以下几个方面:

1)针对已有自适应加法预报模型研究未能从径流多成分出发定量化解析动态数据与模型响应机理的问题,考虑变化时间及突变、趋势、周期等不同成分,以及分离顺序和识别准则,提出了逐步滚动和多组成模式的自适应加法预报模型框架,探索模型在动态径流数据、不同组成模式及二者协同作用下的响应规律。在加法模型构建中,运用均值变换、一元线性回归及谐波累加等方法进行突变、趋势和周期成分识别。以溪洛渡入库年径流为研究对象,以起始年份为 1956 年、结束年份为 1986—2010 年构建了变化训练期的动态径流数据,开展了多组成模式加法模型的动态识别和滚动预报研究。结果表明,不同径流成分均随变化训练期呈明显动态变化,存在趋势和突变成分之间相互削减、突变成分的分离减弱周期性波动等规律;不同组成模式中,周期成分对模型模拟性能的影响较突变和趋势成分更为明显,其显著提高了模拟精度,但模型模拟精度越高,其随时间变化的稳定性越低;多年平均、趋势及与周期叠加的模型具有更优预报效果,突变成分的识别未能提高预测精度,不同模型在径流突变年份均难达到较高的预测精度。

2)针对现有分解集成自适应预报研究存在的对模型适用性影响机制探索不够深入的问题,构建了逐步滚动和多级分解集成的自适应预报模式,从模型优化识别、分解集成作用和模型有效性辨识三个方面提出了自适应分解集成预报模型研究框架。研究工作基于 AMD、VMD 两种分解方法,构建了加法预报模型、VMD-ARIMA、AMD-VMD-ARIMA 等多级分解集成预报模型,以多年平均外推、ARIMA 和多项式回归等为不考虑分解策略的对照模型,以溪洛渡水库为实例对象开展了年入库径流的自适应滚动预报模型研究。首先,比较研究了不同寻优范围、优化准则的模型优化方案,为自适应预报模型提供动态优化识别方法;然后,分析径流分解对变化序列随机特性及模型结构和模型性能的影响,以期探究分解策略在预报模型中的作用机制;最后,基于不同模型预报的结果集,评估分解集成对模型的改善效果及其有效性。研究结果表明,结构相对简单的优化模型有利于集成模型预报效果;不同分解策略将实测径流序列的综合自相关性提高了 12~70 倍,分解集成策略增加了模型结构复杂度,进而优化了模型模拟性能,但未见有效提高模型预报能力;单一模型或多年平均外推、多项式回归等模型较于分解集成模型具有相对较优的预报效果。

3)针对年内径流过程预报的长预见期、多步长问题,提出了逐年滚动的自适应预报解集模式,将预报年径流分配至年内时段过程。从解集模型统计学含义出发,提出了基于年径流和年内分配特征相关性分析的模型适用性评估方法,比较了时间解集模型在滚动预报和历史模拟两种情景年内径流过程预报中的适用性,指出预报情景更需关注年内分配特征的不确定性,并对该不确定性进行了量化分析;在此基础上,构建了考虑年径流预报不确定性的预报解集模型,并针对典型解集方法存在不足,从历史邻近样本选择和时段分配系数生成两个方面提出了考虑年内分配不确定性的最邻近高斯采样解集方法。将所提模型方法用于溪洛渡旬尺度年内入库径流过程预报研究,验证了所提改进策略对预报解集模型的优化效果,分析了年径流预报不确定性对年内径流过程预报效果的影响规律。结果表明,年内过程预报误差与年预报不确定性呈明显的正相关关系,且影响敏感程度随着不确定性的增大而增加,因此需尽可能提高年径流预报的可靠性。

4)从预报信息的有效利用出发,围绕径流预报在水库发电调度中的预报效益问题,研究并发展了预报效益及其有效性评估理论与方法。首先构建了以发电为目标的梯级水库预报调度模型;在此基础上,以发电量和电力市场下的发电收益为效益指标,提出了有—无预报对比的预报效益及有效性评估模型,以溪洛渡—向家坝梯级水库为研究对象,选取丰、平、枯 3 个典型年,验证了所提预报效益及有效性评估模型的实用性;进一步,基于隐随机思想构建了预报调度与理论最优调度对比的预报效益损失评估模型,采用不确定性年内径流过程预报结果作为入库径流预报信息,以年径流相对预报误差标准差为预报信息的有效性判定阈值,研究了预报不确定性对溪洛渡—向家坝梯级发电调度效益损失的影响规律。结果表明,与基于多年平均径流的无预报情景相比,不确定性预报信息对发电量提高未见明显效果,但具有一定准确性的径流预报有利于提高发电收益;以发电收益为决策目标时,20 年预报期的多年平均有效预报阈值为 0.15,20 个预报年的阈值分布在 0~0.3。研究可为水库调度中预报信息的有效利用提供指导。

6.2 工作创新点

本书针对年径流及年内径流过程自适应预报模型及预报不确定条件下水库优化调度中的若干关键问题开展了研究,主要创新点如下:

1)为定量化解析自适应加法预报模型中动态数据与模型的响应机理,考虑变化时间及突变、趋势、周期等不同成分、分离顺序和识别准则,提出了逐步滚动和多组成模式的自适应加法预报模型框架,探索了模型在动态径流数据、不同组成模式及二者协同作用下的响应规律。

2)为探索分解集成对预报模型适用性的影响机制,构建了逐步滚动和多级分解集成的自适应预报模式,从模型优化识别、分解集成作用和模型有效性辨识三个方面提出了自适应分解集成预报模型的一般性研究框架。针对分解策略对径流的影响提出了一种基于能量加权的综合自相关性指标,从径流随机特性、模型结构和模型性能三个方面构建了分解集成对预报模型影响的评价因子。

3)针对长预见期、多步长年内径流过程预报存在的预报不确定性问题,从总量推求年内过程的径流解集模型映射机制出发,提出了逐年滚动的自适应预报解集模式,给出了基于年径流和年内分配相关性的解集模型适用性分析方法,针对典型解集法存在不足提出了考虑年内分配不确定性的最邻近高斯采样解集方法,探究了年径流预报不确定性对年内径流过程预报效果的影响规律。

4)从径流预报信息对水库调度的有效利用出发,提出了基于有—无预报对比的预报效益及有效性评估模型,可扩展应用于不同调度目标的预报效益评价;采用年径流预报和解集模型对入库径流的预报不确定性进行描述,构建了基于隐随机调度理论的预报调度效益损失评估模型,揭示了预报不确定性对调度效益损失影响的一般规律,以发电收益为决策目标辨识了有效预报的误差指标阈值。

6.3 工作展望

本书围绕年径流自适应预报及水库预报调度开展了 4 个方面的探索和研究,相关研究领域仍存在有待进一步深入探讨的问题,主要集中于以下几个方面:

1)本书的加法模型识别是以水文学中径流成分组成假定为基础,关于确定性成分的量化和分离还可以探讨更多的函数形式。此外,气候变化和人类活动等因素对径流变化的影响规律也是今后可进一步研究的方向。

2)本书基于逐步滚动模式进行径流预报研究,将预报年份以前的实测序列作为训练期,还可以研究不同滑动窗口长度训练期的模型预报能力,进一步研究多步长预报预见期的有效性[167];或建立基于径流变化相关影响因子的互相关模型,有可能突破径流序列本身所蕴含的可预测性的局限。

3)本书采用的解集模型为长期、多步的年内径流过程预报提供了一种手段,目前深度学习网络等已用于时间序列过程预测,针对具体问题时,可将基于解集模型的间接预报方法和基于深度学习网络的直接预报方法进行对比研究。

4)本书在构建预报调度模型时,假设水库运行策略按年调度计划执行,未考虑中期预报信息的运用,进一步可将年径流预报与中期预报相结合,研究逐时段滚动更新的中期预报信息对预报调度效益的影响。

参考文献

［1］夏军，石卫. 变化环境下中国水安全问题研究与展望［J］. 水利学报，2016，47(3)：292-301.

［2］夏军，翟金良，占车生. 我国水资源研究与发展的若干思考［J］. 地球科学进展，2011，26(9)：905-15.

［3］胡荣芳. 浅议模型拟合与预测［J］. 水文地质工程地质，1992，19(3)：7.

［4］左岗岗. 基于机器学习的径流预测方法及适应性预测机制研究［D］. 西安：西安理工大学，2021.

［5］M Sugawara. Tank Model with Snow Component［R］. National Research Center for Disaster Prevention，Kyoto，Japan，1974.

［6］R H McCuen. A Guide to Hydrologic Analysis Using SCS Methods［M］. Prentice Hall，Englewood Cliffs，1982.

［7］S. Bergstrom，Singh，V. P. The HBV model［A］//Singh V P. Computer models of watershed hydrology［C］. New York：Water Resources Publications，1995：447-468.

［8］R Zhao. TheXinanjiang Model Applied in China［J］. Journal of Hydrology，1992，135(1-4)：371-81.

［9］K J Beven，M J Kirkby. A Physically Based Variable Contributing Area Model of Basin Hydrology［J］. Hydrological Sciences Bulletin，1979，24(1)：43-69.

［10］李鸿雁，薛丽君，王红瑞，等. 流域中长期径流分类预报方法［J］. 南水北调与水利科技，2015(5)：999-1004.

［11］G A Papacharalampous，H Tyralis，D Koutsoyiannis. Comparison of stochastic and machine learning methods for multi-step ahead forecasting of hydrological processes［J］. Stochastic Environmental Research and Risk Assessment，2019，33(2)：481-514.

［12］张奕非，周欢，刘中宽. 水文服务中的水文预报研究［J］. 大观周刊，2011

(22):263-263.

[13] S Matte，M A Boucher，V Boucher，et al．Moving beyond the cost-loss ratio：economic assessment of streamflow forecasts for a risk-averse decision maker[J]．Hydrology and Earth System Sciences，2017，21(6):2967-2986.

[14] S Matte，M A. Boucher V,et al．Fortier Filion．Economic assessment of flood forecasts for a risk-averse decision-maker[A]．In：Egu General Assembly Conference．EGU General Assembly Conference[C]．Vienna，Austria，2017.

[15] 王文圣，金菊良，丁晶．随机水文学:第三版[M]．北京:中国水利水电出版社，2016.

[16] 梁忠民，胡义明，王军．非一致性水文频率分析的研究进展[J]．水科学进展，2011，22(6):864-871.

[17] M N Khaliq，T B Ouarda，J C Ondo，et al．Frequency analysis of a sequence of dependent and/or non-stationary hydro-meteorological observations：A review[J]．Journal of Hydrology，2006，329(3-4):534-552.

[18] P Milly，J Betancourt，M Falkenmark,et al．Climate change．Stationarity is dead：whither water management？[J]．Science，2008，319(5863):573-574.

[19] R L Bras，I Rodriguez-Iturbe．Random functions and hydrology[M]．San Francisco：Addison-wesley publishing company，1985.

[20] 杨海民，潘志松，白玮．时间序列预测方法综述[J]．计算机科学，2019，46(1):21-28.

[21] E R Dahmen，M J Hal．Screening of hydrological data[R]．Netherlands：International Institute for Land Reclamation and Improvement（ILRI），1990.

[22] 陈广才，谢平．水文变异的滑动 F 识别与检验方法[J]．水文，2006，26(2):57-60.

[23] 王孝礼，胡宝清，夏军．水文时序趋势与变异点的R/S分析法[J]．武汉大学学报(工学版)，2002(2):10-12.

[24] 丁晶．洪水时间序列干扰点的统计推估[J]．武汉水利电力学院学报，1986(5):38-43.

[25] L Perreault，J Bernier，B Bobée，et al．Bayesian change-point analysis in hydrometeorological time series．Part 1．The normal model revisited[J]．Journal of Hydrology，2000，235(3):221-41.

[26] L Perreault，J Bernier，B Bobée，et al．Bayesian change-point analysis in hydrometeorological time series．Part 2．Comparison of change-point models and

forecasting[J]. Journal of Hydrology，2000，235(3)：242-63.

[27] 孙周亮，刘冀，谈新，等. 近50a澴河上游汛期降雨径流多尺度时空演变[J]. 长江流域资源与环境，2018，27：1324-32.

[28] 叶柏生，李翀，杨大庆，等. 我国过去50a来降水变化趋势及其对水资源的影响（Ⅰ）：年系列[J]. 冰川冻土，2004，26(5)：587-594.

[29] 彭甜. 流域水文气象特性分析及径流非线性综合预报研究[D]. 武汉：华中科技大学，2018.

[30] D H Burn，M A Hag Elnur. Detection of hydrologic trends and variability[J]. Journal ofhydronautics，2002，255(1-4)：107-122.

[31] 周芬. Kendall检验在水文序列趋势分析中的比较研究[J]. 人民珠江，2005，26(A02)：35-37.

[32] 李勋贵，胡啸，魏霞. 基于功率谱周期和去趋势波动分析的河川径流特性分析[J]. 自然资源学报，2015，30(6)：986-95.

[33] 康磊，刘世荣，刘宪钊. 岷江上游水文气象因子多尺度周期性分析[J]. 生态学报，2016，36(5)：1253-62.

[34] 吕军，程先富，孙鸿鹄. 基于最大熵谱和云模型的巢湖流域降水预测[J]. 自然灾害学报，2017，26(1)：48-59.

[35] 谢平，陈广才，李德，等. 水文变异综合诊断方法及其应用研究[J]. 水电能源科学，2005(2)：11-14.

[36] 周园园，师长兴，范小黎，等. 国内水文序列变异点分析方法及在各流域应用研究进展[J]. 地理科学进展，2011，30(11)：1361-1369.

[37] 李艳，陈晓宏，张鹏飞. 基于相关积分法的水文时间序列变异性度量[J]. 水文，2007，27(3)：9-12.

[38] 孙东永. 变化环境下河川径流序列的变异诊断与分析[D]. 西安：西安理工大学，2012.

[39] 桑燕芳，谢平，顾海挺，等. 水文过程非平稳性研究若干问题探讨[J]. 科学通报，2017，62(4)：254-261.

[40] 管晓祥，张建云，鞠琴，等. 多种方法在水文关键要素一致性检验中的比较[J]. 华北水利水电大学学报（自然科学版），2018，39(2)：51-56.

[41] 谢平，陈广才，雷红富，等. 水文变异诊断系统[J]. 水力发电学报，2010(1)：85-91.

[42] 张彩玲. 变化环境下黄河流域水文非一致性演变规律研究[D]. 郑州：华北水利水电大学，2018.

[43] 李艳玲. 变化环境下水文序列的变异诊断与预测[D]. 西安:西安理工大学,2015.

[44] 孙娜. 机器学习理论在径流智能预报中的应用研究[D]. 武汉:华中科技大学,2019.

[45] 孙玉燕. 淮河中上游地表径流时空演变规律及非平稳性诊断研究[D]. 安徽:安徽师范大学,2019.

[46] 卢理. 时间序列加法模型的分解预测研究[D]. 成都:西南交通大学,2007.

[47] 覃爱基,陈雪英,郑艳霞. 宜昌径流时间序列的统计分析[J]. 水文,1993 (5):15-21.

[48] 宿强,王毓森. 谐波分析在径流预测中的应用[J]. 甘肃科技纵横,2018, 47(4):4.

[49] 李晖,郭晨,金鸿章. 基于小波变换和均生函数周期外推组合模式的非平稳时间序列分析与长期预测[J]. 控制理论与应用,2008,25(2):6.

[50] 谢平,陈广才,雷红富,等. 水文变异诊断系统及其应用研究Ⅰ:系统结构与诊断原理[C]//第六届中国水论坛学术研讨会. 四川成都,2008.

[51] 宋强,陈靖. 用时间序列模拟和预报天山乌鲁木齐河源1号冰川年径流总量[J]. 冰川冻土,1990,12(2):161-165.

[52] 芮孝芳,黄振平. 预估水文要素长期变化的分解式模型适用性初探[J]. 河海大学学报,1989(4):114-117.

[53] 吴素芬,韩萍,薛燕,等. 塔里木河流域水资源变化趋势及节点水量配置研究[C]//中国科协2005学术年会——人水和谐暨新疆水资源可持续利用论坛. 乌鲁木齐,2005.

[54] 梁忠民,陈元芳,董增川. 西北内陆干旱区出山口年径流组成统计分析[J]. 河海大学学报(自然科学版),2000,28(6).

[55] 王新辉. 台兰河年平均流量非平稳序列加法模型的建立与预报[J]. 沙漠与绿洲气象,2013,7(5):62-65.

[56] 牛最荣,陈学林,王学良. 白龙江干流代表站径流变化特征及未来趋势预测[J]. 水文,2015,35(5):91-96.

[57] 杜克胜,孙玉娟,胡兴林. 水文预报加法模型在甘肃省主要河流年径流预测中的应用研究[J]. 地下水,2020,42(2):156-157.

[58] 解阳阳. 基于径流预报的黑河流域水资源调配研究[D]. 西安:西安理工大学,2017.

[59] 左其亭,高峰. 水文时间序列周期叠加预测模型及3种改进模型[J]. 郑州

大学学报(工学版),2004(4):67-73.

[60] 唐林,钟平安. 不同数据驱动模式下三峡长期径流预测比较研究[J]. 水电能源科学,2010(12):3.

[61] V Nourani, A H Baghanam, J Adamowski, et al. Applications of hybrid wavelet-Artificial Intelligence models in hydrology: A review[J]. Journal of Hydrology, 2014, 514: 358-77.

[62] 曹丽青,林振山. 基于 EMD 的 HHT 变换技术在长江三峡水库年平均流量预报中的应用[J]. 水文, 2008, 28(6): 21-24.

[63] G Napolitano, F Serinaldi, L See. Impact of EMD decomposition and random initialisation of weights in ANN hindcasting of daily stream flow series: An empirical examination[J]. Journal of Hydrology, 2011, 406(3): 199-214.

[64] 宋炜垚. 基于 EEMD 与深度学习的渭河干流径流预测研究[D]. 西安: 西安理工大学, 2020.

[65] 赵力学. 基于混合 BP 神经网络的河流水位流量预测方法研究[D]. 武汉: 武汉理工大学, 2019.

[66] 孙娜,周建中. 基于正则极限学习机的非平稳径流组合预测[J]. 水力发电学报, 2018, 37(8): 20-8.

[67] 孙娜,周建中,朱双,等. 基于小波分析的两种神经网络耦合模型在月径流预测中的应用[J]. 水电能源科学, 2018, 36: 14-17.

[68] G U Yule. On a method of investigating periodicities in disturbed series, with special reference to Wofer's sunspot numbers[J]. Philosophical Transactions of the Royal Society of London Series A, 1927, 127(226): 267-298.

[69] G Walker. On periodicity in series of related terms[J]. Philosophical Transactions of the Royal Society of London Series A, 1931, 131: 518-532.

[70] R F Carlson, A J A MacCormick, D G Watts. Application of linear models to four annual streamflow series[J]. Water Resources Research, 1970, 6(4): 1070-1078.

[71] G E Box, G M Jenkins. Time Series Analysis: Forecasting and Control (Revised Edition)[M]. San Francisco: Holden-Day, 1976.

[72] J P Haltiner, J D Salas. Short-term forecasting of snowmelt runoff using ARMAX models[J]. Journal of the American Water Resources Association, 1988, 24: 1083-1089.

[73] K Thirumalaiah, M C Deo. Hydrological Forecasting Using Neural Net-

works[J]. Journal of Hydrologic Engineering，2000，5(2)：180-189.

［74］ F Kratzert，D Klotz，C Brenner，et al. Rainfall-Runoff modelling using Long-Short-Term-Memory (LSTM) networks[J]. Hydrology & Earth System Sciences，2018，22(11)：6005-6022.

［75］ 殷兆凯，廖卫红，王若佳，等. 基于长短时记忆神经网络(LSTM)的降雨径流模拟及预报. 南水北调与水利科技，2019，17(6)：1-9＋27.

［76］ 段生月，王长坤，张柳艳. 基于正则化 GRU 模型的洪水预测[J].计算机系统应用，2019，28(5)：198-203.

［77］ 周惠成，彭勇. 基于小波分解的月径流预测校正模型研究[J]. 系统仿真学报，2007，19(5)：1104-1108.

［78］ L Karthikeyan，D N Kumar. Predictability of nonstationary time series using wavelet and EMD based ARMA models[J]. Journal of Hydrology，2013，502(Complete)：103-119.

［79］ 杜懿，麻荣永. 不同改进的 ARIMA 模型在水文时间序列预测中的应用[J]. 水力发电，2018，44(4)：4.

［80］ 刘艳，杨耘，聂磊，等. 玛纳斯河出山口径流 EEMD-ARIMA 预测[J]. 水土保持研究，2017(6).

［81］ H Wang，J Huang，H Zhou，et al. An Integrated Variational Mode Decomposition and ARIMA Model to Forecast Air Temperature[J]. Sustainability，2019，11.

［82］ 王文圣，熊华康，丁晶. 日流量预测的小波网络模型初探[J]. 水科学进展，2004(3)：382-386.

［83］ X Qian，Y Huang. Mid-long Term Runoff Forecasting Base on EMD and LS-SVM[J]. Water Resources and Power，2010.

［84］ 纪昌明，李荣波，张验科，等. 基于小波分解的投影寻踪自回归组合模型及其在年径流预测中的应用[J]. 水力发电学报，2015(7)：27-35.

［85］ X Wen，Q Feng，R C Deo，et al. Two-phase extreme learning machines integrated with the complete ensemble empirical mode decomposition with adaptive noise algorithm for multi-scale runoff prediction problems[J]. Journal of Hydrology，2019，570：167-184.

［86］ X Zhang，Y Peng，C Zhang，et al. Are hybrid models integrated with data preprocessing techniques suitable for monthly streamflow forecasting? Some experiment evidences[J]. Journal of Hydrology，2015，530：137-52.

［87］K Du，Y Zhao，J Lei. The incorrect usage of singular spectral analysis and discrete wavelet transform in hybrid models to predict hydrological time series［J］. Journal of Hydrology，2017.

［88］Q Tan，X Lei，X Wang，et al. An adaptive middle and long-term runoff forecast model using EEMD-ANN hybrid approach［J］. Journal of Hydrology，2018，

［89］G G Svanidze. Mathematical modeling of hydrologic series：for hydroelectric and water resources computations［M］. New York：Springer，1980.

［90］R D Valencia，J C Schakke. Disaggregation processes in stochastic hydrology［J］. Water Resources Research，1973，9(3)：580-585.

［91］E G Santos，J D Salas. Stepwise Disaggregation Scheme for Synthetic Hydrology［J］. Journal of Hydraulic Engineering，1992，118(5)：765-784.

［92］G Lin，F Lee. An aggregation-disaggregation approach for hydrologic time series modelling［J］. Journal of Hydrology，1992，138(3-4)：543-557.

［93］S Maheepala，B Perera. Monthly hydrologic data generation by disaggregation［J］. Journal of Hydrology，1996，178(1-4)：277-291.

［94］D G Tarboton，A Sharma，U Lall. Disaggregation procedures for stochastic hydrology based on nonparametric density estimation［J］. Water Resources Research，1998，34(1)：107-119.

［95］A T Silva，M M Portela. Disaggregation modelling of monthlystreamflows using a new approach of the method of fragments［J］. Hydrological Sciences Journal/Journal des Sciences Hydrologiques，2012，57(5)：942-955.

［96］M M Portela，A T Silva，G Tsakiris. Disaggregation Modelling of Annual Flows into DailyStreamflows Usinga New Approach of the Method of Fragments［J］. Hydrological Sciences Journal，2016，61(8)：1489-1502.

［97］胡康萍. 枯水径流过程的随机模拟研究［J］. 水电能源科学，1985(4)：39-50.

［98］王文圣，丁晶，袁鹏. 非参数解集模型及其在水文随机模拟中的应用［J］. 四川水力发电，1999(1)：60-62.

［99］袁鹏，王文圣，丁晶. 非参数解集模型在汛期日径流随机模拟中的应用［J］. 工程科学与技术，2000，32(6)：11-14.

［100］赵太想，王文圣，丁晶. 基于小波消噪的改进的非参数解集模型［J］. 四川大学学报：工程科学版，2005(5)：1-4.

［101］W Wang，J Ding. A multivariate non-parametric model for synthetic generation of daily streamflow[J]. Hydrological Processes,2007,21(13):1764-1771.

[102] 谢萍萍. 非参数解集模型的应用研究[D]. 咸阳:西北农林科技大学,2010.

[103] 赵丽娜,宋松柏,肖可以,等. 最大熵分布扰动最近邻抽样随机模型在年径流随机模拟中的应用[J]. 水利学报,2011(8):7.

[104] 王文圣,向红莲. 非参数解集模型再探[J]. 成都工业学院学报,2015,18(4):3.

[105] 陈雪英,覃爱基. 长江三峡水库径流随机模拟及其在调节计算中的应用[J]. 人民长江,1991,22(10):7.

[106] 徐利岗,周宏飞. 洛河径流典型解集模型研究[J]. 水资源与水工程学报,2006(4):32-35.

[107] 王世策. 隔河岩水库入库径流随机模拟研究[J]. 水利科技与经济,2010,16(10):3.

[108] 周研来,梅亚东,张代青. 一种新的径流过程随机模拟方法[J]. 水利水电科技进展,2011,31(3):4.

[109] 张波,谢平,李彬彬,等. 基于典型解集模型的非一致性年径流过程设计方法[J]. 水文,2015.

[110] 梅超,尹明万,洪林,等. 两种月径流随机模拟方法应用比较[J]. 中国农村水利水电,2016.

[111] K Hoshi,S J Burges. Seasonal runoff volumes conditioned on forecasted total runoff volume[J]. Water Resources Research,1980,16(6):1079-1084.

[112] J Delleur. Time series analysis and adaptive filtering in hydrology[J]. Advances in Applied Probability,1984,16(1).

[113] 宋洋. 苏帕河流域梯级水电站联合优化调度模型研究[D]. 天津:天津大学,2005.

[114] 毛维新. 水文预报的效益与精度[J]. 广东水利水电,2000.

[115] 俞日新,苏平. 水文情报预报经济效益实用推算方法[J]. 水文,2000,20(5):22-26.

[116] 邓英春,魏荣萍. 水文情报预报效益分析[J]. 安徽水利科技,2001(2):34-35.

[117] 孙以三. 浅谈水文预报在水利工程运用调度中的应用[J]. 水利建设与管理,2004,24(6):53-54.

[118] R Harboe. Explicit Stochastic Optimization[M]. Netherlands:Spring-

er，1993.

［119］ T Cuvelier，P Archambeau，B Dewals，et al. Comparison Between Robust and Stochastic Optimisation for Long-term Reservoir Management Under Uncertainty［J］. Water Resources Management，2018，26：2267-2281.

［120］ R Willis，B A Finney，W S Chu. Monte Carlo Optimization for Reservoir Operation［J］. Water Resources Research，1984，20：1177-1182.

［121］ G K Young. Finding reservoir operating rules［J］. Journal of Hydraulics Division，1967，93：293-321.

［122］ X Lei，Q Tan，X Wang，et al. Stochastic optimal operation of reservoirs based on copula functions［J］. Journal of Hydrology，2018，557：265-275.

［123］ V Chandramouli，P Deka. Neural Network Based Decision Support Model for Optimal Reservoir Operation［J］. Water Resources Management，2005，19：447-464.

［124］ M Sangiorgio，G Guariso. NN-Based Implicit Stochastic Optimization of Multi-Reservoir Systems Management［J］. Water，2018，10（3）：303.

［125］ Z Feng，W Niu，R Zhang，et al. Operation rule derivation of hydropower reservoir by k-means clustering method and extreme learning machine based on particle swarm optimization［J］. Journal of Hydrology，2019，576：229-238.

［126］ A B Celeste，M Billib. Improving Implicit Stochastic Reservoir Optimization Models with Long-Term Mean Inflow Forecast［J］. Water Resources Management，2012，26：2443-2451.

［127］ Y Liu，H Qin，Z Zhang，et al. Deriving Reservoir Operation Rule based on Bayesian Deep Learning Method Considering Multiple Uncertainties［J］. Journal of Hydrology，2019，579：124207.

［128］ J A Tejada-Guibert，S A Johnson，J R Stedinger. The Value of Hydrologic Information in Stochastic Dynamic Programming Models of a Multireservoir System［J］. Water Resources Research，1995，31：2571-2579.

［129］ Y O Kim，R N Palmer. Value of Seasonal Flow Forecasts in Bayesian Stochastic Programming［J］. Journal of Water Resources Planning and Management，1997，123：327-335.

［130］ J Wang. A new stochastic control approach to multireservoir operation problems with uncertain forecasts［J］. Water Resources Research，2010，46.

［131］ H Hosseini Safa，S Morid，M Moghaddasi. Incorporating Economy and

Long-term Inflow Forecasting Uncertainty into Decision-making for Agricultural Water Allocation during Droughts [J]. Water Resour Management，2012，26：2267-2281.

[132] P L Carpentier，M Gendreau，F Bastin. Long-term management of a hydroelectric multireservoir system under uncertainty using the progressive hedging algorithm[J]. Water Resources Research，2013，49：2812-2827.

[133] W Xu，X Zhang，A Peng,et al. Deep Reinforcement Learning for Cascaded Hydropower Reservoirs Considering Inflow Forecasts[J]. Water Resources Management，2020,34：3003-3018.

[134] M Xie，J Zhou，C Li，et al. Long-term generation scheduling of Xiluodu and Xiangjiaba cascade hydro plants considering monthly streamflow forecasting error [J]. Energy Conversion and Management，2015，105：368-376.

[135] M S Zambelli，I Luna，S Soares. Long-term hydropower scheduling based on deterministic nonlinear optimization and annual inflow forecasting models. [C]//2009 PowerTech. Bucharest，Romania：IEEE，

[136] R M de Santana Moreira，A B Celeste. Performance evaluation of implicit stochastic reservoir operation optimization supported by long-term mean inflow forecast. Stochastic Environmental Research & Risk Assessment，2016：1-8.

[137] P P Mujumdar，B Nirmala. A Bayesian Stochastic Optimization Model for a Multi-Reservoir Hydropower System[J]. Water Resources Management，2006，21：1465-1485.

[138] F M Fan，D Schwanenberg，R Alvarado，et al. Performance of Deterministic and Probabilistic Hydrological Forecasts for the Short-Term Optimization of a Tropical Hydropower Reservoir[J]. Water Resources Management，2016，30：3609-3625.

[139] X Zhang，Y Peng，W Xu，et al. An Optimal Operation Model for Hydropower Stations Considering Inflow Forecasts with Different Lead-Times[J]. Water Resources Management，2019，33：173-188.

[140] Q Tan，G Fang，X Wen，et al. Bayesian Stochastic Dynamic Programming for Hydropower Generation Operation Based on Copula Functions[J]. Water Resources Management，2020，34：1589-1607.

[141] R Arsenault，P Côté. Analysis of the effects of biases in ESP forecasts on electricity production in hydropower reservoir management[J]. Hydrology and

Earth System Sciences Discussions，2019，23：2735-2750.

［142］董晓华，吕志祥，宋三红，等. 三峡水库中期优化调度方法及入库径流预报效益的研究［C］//中国水利学会，2013.

［143］龙子泉，张小辉，林旭钿，等. 水资源调度中蓄水工程下游区间入流预报效益计算模型［J］. 水利学报，2007(3)：119-125.

［144］诸葛亦斯，温世亿，谭红武. 梯级水库优化调度中入库径流预报效益研究［J］. 南水北调与水利科技，2014(6)：159-163.

［145］熊艺淞. 径流预报不确定性对西江水库群综合调度效益与风险影响分析［D］. 北京：中国水利水电科学研究院，2018.

［146］付文婷. 澧水流域梯级水库群调度规则及效益评估研究［D］. 武汉：华中科技大学，2019.

［147］潘志涛. 径流预报的不确定性对白石水库调度效益综合影响分析［J］. 黑龙江水利科技，2021(3)：136-138.

［148］孙萧仲. 多供水需求下水库多年调节策略和 hedging 优化调度方法研究［D］. 天津：天津大学，2016.

［149］H B Mann. Nonparametric test against trend［J］. Econometrica，1945，13(3)：245-59.

［150］M G Kendall. Rank correlation methods［J］. British Journal of Psychology，1990，25(1)：86-91.

［151］A N Pettitt. A non-parametric approach to the change-point problem［J］. Applied Statistics，1979，28(2)：126-135.

［152］H Alexandersson. A homogeneity test applied to precipitation data［J］. Journal of Climatology，1986，6(6).

［153］T A Buishand. The analysis of homogeneity of long-term rainfall records in the Netherlands［C］//The Neltherlands KNMI Scientific Report WR. De Bilt，Neltherlands，1981：81-87.

［154］P K Sen. Estimates of the regression coefficient based on Kendall's tau［J］. Journal of the American Statistical Association，1968，63(324)：1379-1389.

［155］李万绪. 周期图方法在径流序列分析中的应用［J］. 陕西水力发电，1990.

［156］张洪波，余荧皓，南政年，等. 基于 TFPW-BS-Pettitt 法的水文序列多点均值跳跃变异识别［J］. 水力发电学报，2017，36(7)：9.

［157］陈媛，王顺久，王国庆，等. 金沙江流域径流变化特性分析［J］. 高原山地气象研究，2010，30(2)：26-30.

[158] D A Dickey，W A Fuller. Likelihood ratio statistics for autoregressive time series with a unit root[J]. Econometrica，1981，49(4):1057-1072.

[159] 刘睿，梁川. 基于云模型的非一致性年径流预测[J]. 水利与建筑工程学报，2012，10(3):106-110.

[160] K Dragomiretskiy，D Zosso. Variational Mode Decomposition[J]. IEEE Transactions on Signal Processing，2014，62(3)：531-44.

[161] 刘建昌，权贺，于霞，等. 基于参数优化 VMD 和样本熵的滚动轴承故障诊断[J]. 自动化学报，2022，48(3)：808-819.

[162] 罗小燕，黄祥海，邵凡，等. 基于改进 VMD 算法的岩体失稳声发射信号去噪方法[J].噪声与振动控制，2020，40(4):8.

[163] 王燕. 应用时间序列分析[M]. 北京:中国人民大学出版社，2005.

[164] F X Diebold，R S Mariano. Comparing Predictive Accuracy[J]. Journal of Business & Economic Statistics，2002，20(1):134-144.

[165] H Chen，Q Wan，Y Wang. Refined Diebold-Mariano Test Methods for the Evaluation of Wind Power Forecasting Models[J]. Energies，2014，7(7)：4185-98.

[166] 侯澍旻，李友荣，刘光临. 一种基于 KS 检验的时间序列非线性检验方法[J]. 电子与信息学报，2007，29(4)：808-810.

[167] 赵铜铁钢. 考虑水文预报不确定性的水库优化调度研究[D]. 北京:清华大学，2013.

[168] M Motevalli，A Zadbar，E Elyasi，et al. Using Monte-Carlo approach for analysis of quantitative and qualitative operation of reservoirs system with regard to the inflow uncertainty[J]. Journal of African Earth Sciences，2015，105(5):1-16.

[169] U Lall，A Sharma. A Nearest Neighbor Bootstrap For Resampling Hydrologic Time Series[J]. Water Resources Research，1996，32:679-693.

[170] 张勇传. 水电站经济运行原理[M].北京:中国水利水电出版社，1998.

[171] C Li，J Zhou，S Ouyang，et al. Improved decomposition–coordination and discrete differential dynamic programming for optimization of large-scale hydropower system[J]. Energy Conversion & Management，2014，84:363-373.

[172] X Ding，J Zhou，X Mo，et al. Runoff forecasting benefit evaluation for long-term power generation scheduling[C]//Matec Web of Conferences. France：EDP Sciences，2018，246：01005.

[173] X Ding，X Mo，J Zhou，et al. Long-Term Scheduling of Cascade Reservoirs Considering Inflow Forecasting Uncertainty Based on a Disaggregation Model[J]. Water Resources Management，2021，35(2):1-16.